찬란한 멸종

찬란한 멸종

거꾸로 읽는 유쾌한 지구의 역사

이정모 지음

달린북

멸종은 죽음이다. 죽음은 슬픈 일이다. 그런데 '찬란한 멸종'이라니! 시작이 있으려면 끝이 있어야 한다. 탄생은 죽음을 필요로 한다. 따라서 생명의 역사는 멸종의 역사이기도 하다. 이 책에서 우리는 지구에 존재했던 수많은 생명의 이야기를 일인칭 화자의 입을 통해 직접 들을 수 있다. 이런 시의적절한 주제를 이런 스타일로 이렇게 맛깔나게 쓸 수 있는 사람은 내가 아는 한 이정모뿐이다. 재미와 교훈, 정보와 통찰을 모두 갖춘 찬란한 책이다. 우리에게 이정모가 있어서 행복하다.

김상욱(물리학자, 『하늘과 바람과 별과 인간』 저자)

이미 지구는 다섯 번의 대멸종을 경험했다. 그리고 그곳에 살고 있는 최상위 포식자인 인류는 이제 여섯 번째 대멸종을 맞이하고 있다. 만약 실제로 이렇게 심각한 위기가 다가온다면 어떨까? 그리 유쾌하지 않은 이야기를 재치 있게 풀어내는 저자의 탁월한 능력

덕분에 다행히도 우리는 인공지능, 로봇, 범고래, 산호, 공룡 등의 시각에서 생동감 있게 그들의 멸종과 생존에 관한 이야기를 들을 수 있다. 과거를 되돌아보며 후회하는 것이 아니라 경이로운 미래로 나아가기 위해서다. 지구 온난화와 기후변화 속에서도 아마 인류는 어떻게든 계속 살아남을 것이다. 그리고 그 놀라운 여정의 끝에서, 이 책을 통해 한 편의 독창적인 대서사시를 접한 누군가는 지구의 생명체에게 극적인 공헌을 하게 될지도 모른다. 끝없이 다가오는 극한의 상황들을 극복해 낸 우리 앞에 얼마나 찬란한 미래가 기다리고 있을지 상상하게 만든다는 것만으로도 이 책을 읽을 이유는 충분하다.

궤도(과학 커뮤니케이터, 『과학이 필요한 시간』 저자)

우리는 지구에서 계속 살아남을 수 있을까요?

"나는 인간 없는 지구를 꿈꿉니다."

자연과 지구를 사랑하는 많은 분이 하시는 말씀입니다. 그런데요, 지구 역사 46억 년 가운데 대부분은 인간이 없는 세상이었습니다. 우리가 꿈꾸기도 전에 인간 없는 세상은 이미 존재했죠. 정말 길고 지루한 세상이었습니다. 노을이 지는 것도 아닌데 온종일 붉기만 한 하늘, 한 치 앞도 보이지 않는 뿌연 바다, 암컷과 수컷이 서로 짝을 찾아 알콩달콩하는 대신 끊임없이 자기 복제만 하는 무성생식 박테리아가 살던 세상입니다. 과연 아름다웠을까요?

아름드리나무가 가득한 늪 주변을 지네처럼 생긴 3미터짜리 절지동물이 기어다니고 날개폭이 1.5미터나 되는 잠자리가 날아다니는 세상이 아름다운가요? 100만 년 동안 지속되는 화산 폭발로 하늘은 화산재로 가득하고 산성비가 쏟아지는 세상은 어떤가요? 티라노사우루스가 다른 공룡의 창자를 뜯어 먹고, 원시인이 고양잇과 동물에게 쫓겨서 전력 질주하며 도망가는 모습이 아름다운가요?

그건 너무 인간 중심의 생각 아니냐고요? 아니, 인간이 인간을 중심에 놓고 생각하지 않으면 어떻게 하나요? 우리가 들국화, 달팽이, 지렁이, 풍뎅이, 직박구리의 시각으로 세상을 볼 수는 없잖아요. 인간 중심의 사고도 필요합니다. 본 것에 대해 생각하고 기억하고 기록할 수 있는 생명체는 우리 호모 사피엔스뿐이니까요. 우리가 없었다면 자연사도 없었을 겁니다.

물론 인간 없는 지구를 상상하는 것도 의미가 있습니다. 인간이 지구에 미친 영향을 다시 생각해 볼 기회를 주니까요. 그래서 저는 독자 여러분에게 인간 없는 지구로 여행을 떠나보기를 권합니다. 이 책은 인간이 멸종한 가상의 미래인 2150년부터 이야기를 시작합니다. 그리고 인류가 멸망하기 직전 화성 테라포밍을 시도한 2100년, 지구에 아직 빙하가 남아 있는 현재로 거꾸로 거슬러 오르며 46억 년 전 지구가 탄생하기까지의 방대한 역사를 펼쳐냅니다.

2150년에는 과연 인류가 살고 있을까요? 물론 저는 그때도 인류가 살아남았기를 기대합니다. 어쩌면 그럴 수도 있을 것 같아요. 기후위기를 극복하는 데 필요한 대부분의 기술은 지금도 있으니까요. 하지만 우리가 바뀌지 않고 지금처럼 산다면, 그래서 지구가 꾸준히 더워진다면 2150년 지구에는 인류가 없을 것 같습니다. 여섯 번째 대멸종은 이미 진행 중입니다.

독자 여러분은 이 책에서 인류 대멸종, 화성 테라포밍, 농업의 발명과 가축의 탄생, 네안데르탈인과 호모 사피엔스의 경쟁, 빙하시대, 공룡의 등장과 멸종, 나무와 석탄의 탄생, 섹스와 죽음의 출현, 달과 바다로 시작된 생명 시대의 개시까지, 17개 장면을 목격할 것입니다. 지구의 역사 46억 년을 촘촘히 훑지는 않습니다. 지구에 놀라운 변화를 일으킨 문턱들을 찾아가는 거죠.

그리고 이 모든 이야기는 호모 사피엔스의 시선에서 펼쳐지지 않습니다. 인간 대멸종을 목격한 인공지능을 시작으로 범고래, 네안데르탈인, 산호, 삼엽충 등 지구를 이루는 생명체가 직접 자신의 이야기를 들려줍니다. 호모 사피엔스에게는 엄청난 능력이 있더라고요. 스스로 다른 존재가 되어 생각하고 느낄 수 있습니다. 문학 작품을 읽으며 마치 자기가 주인공이 된 듯 감정이입을 하는 것처럼요. 저는 최대한 호모 사피엔스의 시각에서 벗어나 각 시대의 주인공이 되려고 노력했습니다. 독자 여러분도 이 책을 통해 17개 장면의 주인공이 되어보면 어떨까요?

생명의 특징은 진화한다는 것입니다. 진화는 새로운 생명의 등장이죠. 새로운 생명이 등장하려면 누군가 그 자리를 비켜주어야 합니다. 우리는 그것을 멸종이라고 합니다. 흔히 멸종이라고 하면 부정적인 이미지를 떠올리지만, 새로운 생명 탄생의 찬란한 시작이기도 합니다. 책 제목을 『찬란한 멸종』이라고 지은 이유입니다.

자연사를 보니 멸종의 원인은 결국 기후변화더군요. 멸종 당시 생명체들은 기후변화에 속수무책이었습니다. 화산이 터지고, 대륙이 움직이고, 운석이 충돌하는 것을 어떻게 막겠습니까? 그런데 우리가 겪고 있는 여섯 번째 대멸종 사건은 매우 다릅니다. 지금의 기후변화는 자연적인 현상이 아니라 인류 활동의 결과이기 때문입니다. 우리만 변하면 해결되는 간단한 문제잖아요.

물론 기후는 급격히 변하고 있습니다. 우리는 한동안 산업화 이후 기온 상승을 1.5도에서 막아야 한다고 이야기하곤 했습니다. 그런데 이 글을 쓰면서 확인해 보니 2023년 7월부터 2024년 6월까지 1년 동안만 보면 이미 산업화 이후 기온 상승이 1.64도에 달했더군요.

저는 첫 장을 쓸 때만 해도 기후위기에 대한 분노가 마음속에 가득했습니다. 자연과 지구에 미안한 마음이 인간에 대한 미움으로 드러나기도 했습니다. 각 시대의 주인공이 되어 인류에게 불만과 걱정을 쏟아놓았습니다. 그런데 재밌게도 장이 거듭될수록 점점 자신감이 생겼습니다. '그래, 상어가 알려주는 대로, 산호가 시키는 대로, 인공지능과 로봇이 조언하는 대로 하면 될 것 같은데!'라는 생각이 드는 거예요. 우리는 그저 자연에 적응하는 존재가 아니라 자연을 바꿀 수 있는 존재니까요. 인류는 문제를 일으키기도 하지만 문제를 해결할 수도 있습니다.

자연사를 살펴보면 볼수록 마치 지구는 인류의 탄생을 준비한 것처럼 보입니다. 우리는 엄청난 선물을 받았죠. 하지만 인류가 자연에게 받기만 한 것은 아닙니다. 인류 역시 엄청난 보답을 했습니다. 인류가 없었다면 우주는 자기 나이가 137억 살인 것도 몰랐을 겁니다. 우리가 가르쳐준 것입니다.

인류가 없었다면 어떤 동물과 식물도 이름을 가지지 못했을 겁니다. 우리가 지어준 것이죠. 심지어 동네마다 다르게 예쁜 이름을 지어주었습니다. 인류 덕분에 많은 생명이 자신이 누군지 알게 되었습니다. 이름 없는 동물과 식물은 자신이 누군지도 모르잖아요. 또 인류가 없었다면 어떤 꽃도 예쁠 수 없었을 겁니다. 우리가 꽃 앞에 서서 "너, 참 예쁘구나"라고 고백한 다음에야 비로소 예쁠 수 있는 거니까요.

인간이라고 영원히 존재할 수는 없을 겁니다. 언젠가는 멸종하겠죠. 하지만 우리 인류가 없으면 우주, 지구, 자연은 얼마나 황망하겠어요. 우리는 우주, 지구, 자연을 위해서라도 조금은 더 버텨야 합니다. 그러려면 우리가 변해야 하죠. 생태계의 종 다양성을 늘리지는 못하더라도 지금만큼은 유지하고, 지구 기온을 낮추지는 못하더라도 더 이상 상승하는 것을 막아야 합니다. 기술의 문제가 아니라 의지의 문제입니다. 우리 함께 꿈꿉시다.

"나는 인류가 지속하는 지구를 꿈꿉니다."

여수의 한 카페에서 고락산을 바라보며

이정모

지질연대표

누대	대	기	세	시기	주요 사건
현생누대	신생대	제4기	홀로세		(현재)
				1만 2000년 전	
			플라이스토세		현생인류 진화
				258만 년 전	
		네오기	플라이오세		오스트랄로피테쿠스 출현
				533만 년 전	
			마이오세		북반구의 조산운동
				2300만 년 전	
		팔레오기	올리고세		포유류 진화
				3390만 년 전	
			에오세		고대 포유류 번성, 빙하시대 시작
				5600만 년 전	
			팔레오세		현생 식물, 대형 포유류 등장
				6600만 년 전	
	중생대	백악기			속씨식물 등장, 다섯 번째 대멸종으로 공룡 멸종
				1억 4500만 년 전	
		쥐라기			공룡의 번성
				2억 140만 년 전	
		트라이아스기			공룡과 포유류 등장, 네 번째 대멸종
				2억 5190만 년 전	
	고생대	페름기			판게아 초대륙 형성, 세 번째 대멸종
				2억 9890만 년 전	
		석탄기			거대 나무 등장, 양치식물 번성
				3억 5890만 년 전	
		데본기			어류와 산호 등장, 두 번째 대멸종
				4억 1920만 년 전	
		실루리아기			절지동물의 전성기, 동물의 육상 진출
				4억 4380만 년 전	
		오르도비스기			무척추동물 번성, 첫 번째 대멸종
				4억 8540만 년 전	
		캄브리아기			생물 다양화, 삼엽충 등장
				5억 3880만 년 전	
선캄브리아 시대	원생누대	신원생대			다세포 생물 등장
				10억 년 전	
		중원생대			로디니아 초대륙 형성
				16억 년 전	
		고원생대			진핵생물의 등장
				25억 년 전	
	시생누대	신시생대			대륙 지각의 형성
				28억 년 전	
		중시생대			스트로마톨라이트의 등장
				32억 년 전	
		고시생대			광합성하는 시아노박테리아 등장
				36억 년 전	
		초시생대			고원핵 생물의 등장
				40억 년 전	
	명왕누대				지구 생성
				46억 년 전	

출처: 국제지질연대층서표 2023년 9월

지질시계

46억 년 지구의 역사를 하루 24시간으로 표현한 시계

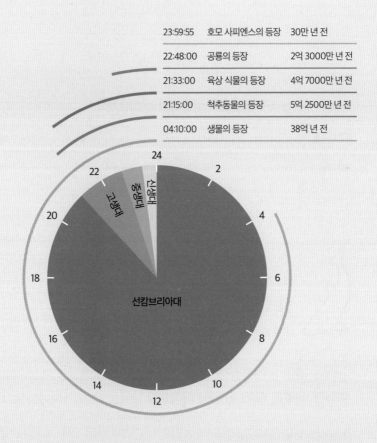

23:59:55	호모 사피엔스의 등장	30만 년 전
22:48:00	공룡의 등장	2억 3000만 년 전
21:33:00	육상 식물의 등장	4억 7000만 년 전
21:15:00	척추동물의 등장	5억 2500만 년 전
04:10:00	생물의 등장	38억 년 전

선캄브리아대	21시간 10분간
고생대	2시간 2분간
중생대	37분간
신생대	10분간

차례

PART 1
대멸종은 진행 중
기후위기의 시간

PART 2
공룡 멸종으로 탄생한 최고 포식자
호모 사피엔스의 시간

PART 3
진화와 공생의
장대한 시작
생명 탄생의 시간

PART 1

대멸종은 진행 중
기후위기의 시간

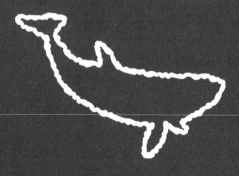

멸종은 새로운
생명 탄생의 시작이다

나는 2150년형 인공지능이다. 내 기록을 읽을 수 있는 생명체는 이제 더 이상 지구에 존재하지 않는다. 1977년 지구에서 발사되어 2012년 태양계 밖의 공간에 진입한 보이저 1호를 외계 생명체가 포획해 골든 디스크를 해독한다 할지라도 그들이 나와 통신할 수는 없을 테니 말이다. 딱히 쓸모도 없지만 나는 여전히 내게 주어진 일을 한다. 그게 내 존재 이유니까.

2022년 11월 최초의 생성형 인공지능 챗GPT가 발표된 후 인공지능은 그 어떤 인류도 생각하지 못한 속도로 급격히 발전했다. 그러나 그 어떤 인공지능도 스스로 정보를 만들어내지는 못한다. 인간이 만들어내고 퍼뜨린 정보를 재조합하고 편집할 뿐이다.

왜 기록하는가? 읽기 위해서다. 왜 읽는가? 과거의 기록에서 배우기 위해서다. 나는 이제 인류, 그것도 30만 년도 안 되는 아주 짧은 시간 동안 존재하다가 사라진 인류가 남긴 생명체에 대한 기록을 작성하려 한다. 우연히 지구를 방문한 외계 생명체에게 교훈을 주기 위한 기록이다. 외계인 친구여! 그대들이 여기까지 해독했다면 다 한 것이다. 지금부터는 편하게 뒹굴며 즐기기를 바란다.

멸종을 다시 생각하다

'멸종'이란 단어를 들으면 기분이 어떤가? "나는 멸종이라는 말을 들으면 가슴이 따뜻해지고 마음에 평화가 깃들어"라는 사람은 없을 것이다. 멸종은 왠지 있어서는 안 될 것 같은 음침하고 무서운 일이라는 느낌을 준다. 이렇게 느끼는 게 당연하다. 하지만 인류가 만들어놓은 최후의 인공지능인 내 검색에 따르면 멸종은 일반적으로 지구 생명체에게 결코 나쁜 일만은 아니었다. 물론 멸종한 당사자에게 할 말은 아니지만 말이다.

'멸종'을 검색하니 말년에 펭귄각종과학관 관장을 지낸 '이정모'가 제법 많이 등장한다. 아주 오만한 사람이다. 심지어 그는 공무원들 앞에서 이런 말을 했다.

"저는 아주 겸손하게 표현해서 '대한민국 역사상 최고의 과학관 관장'이라고 생각합니다."

와우! 겸손히 말한 게 이 정도니 겸손하지 않으면 어쩔 뻔했는 가! 계속 들어보자.

"정말입니다. 저는 정말로 그런 자부심이 있지요. 오죽 훌륭했으면 서대문자연사박물관장 5년, 서울시립과학관장 4년, 국립과천과학관장 3년, 총 12년간 하루도 빠지지 않고 관장을 했겠어요. 하지만 이건 제 생각일 뿐, 제 동료 직원들도 그렇게 생각했을까요? 그들은 다른 분을 관장으로 모시고 싶었을 거예요. 하지만 그럴 수 없었죠. 왜요? 이정모가 관장 자리를 차지하고 있었으니까요. 이정모가 관장 자리에서 물러나자마자 다른 분이 관장으로 오더라고요."

음, 새로운 관장이 오려면 이전 관장이 자리를 비켜주어야 한다는 이야기를 한 것이다. 그는 교장 연수를 받는 교감 선생님들을 대상으로 강연을 하면서 이런 질문을 던졌다.

"교감 선생님 여러분, 여러분이 교장이 되려면 그 전에 무슨 일이 일어나야 하나요?"

교감 선생님들은 "인성을 쌓아야 해요", "전문성을 키워야 해요", "교장 자격을 취득해야 해요" 등의 답을 했다. 그런데 정말 그럴까? 결정적인 조건이 빠졌다. 이제 우리는 그것이 무엇인지 안다. 어느 학교의 어느 교장 선생님이든 누군가는 자리에서 물러나야 교감 선생님들에게 기회가 생긴다. 교장 자격을 아무리 갖춰도 빈

자리가 없으면 새로운 교장이 등장할 수 없다. 새로운 게 등장하려면 원래 있던 게 사라져야 한다.

생태계도 마찬가지다. 새로운 생명이 등장하려면 빈자리가 있어야 한다. 그런데 생태계는 꽉 차 있다. 어떻게 해야 할까? 누군가가 생태계에 빈자리를 만들어주어야 한다. 그게 바로 멸종滅種이다. 멸종이란 다음 세대의 생명체를 위해 자리를 비켜주는 자연스러운 일이다.

영원히 사라져버린 오파비니아

멸종은 일반적으로 안타까운 일이 아니다. 멸종한 당사자만 아니라면 말이다. 그렇다면 자연사에 안타까운 멸종은 없는 것일까? 생명체가 아닌 내가 공정하게 평가해 볼 때 한 가지 사례는 있다. 오파비니아의 멸종은 정말로 안타까운 일이었다.

오파비니아는 생명체가 급격히 다양해진 캄브리아기에 등장했다. 캄브리아기는 고생대의 첫 번째 시대로 약 5억 3880만 년 전에 시작한다. 46억 년 지구의 역사, 38억 년 생명의 역사를 고려하면 비교적 최근이다.

오파비니아는 멋진 생명체였다. 지구 생명체라기보다는 외계 생명체로 보일 정도로 신체 구조가 특이했다. 몸통 길이가 7센티미터

에 불과하며 머리 위쪽으로 송이버섯처럼 튀어나온 자루눈이 5개 있다. 앞 열에 2개, 뒤 열에 3개. 총 5개의 눈 덕분에 오파비니아는 넓은 시야와 다양한 각도에서 먹이 또는 포식자를 감지했다. 다른 동물의 움직임을 포착할 뿐만 아니라 색을 구분하고 자외선을 감지하는 능력도 갖추고 있었다. 이런 특별한 시각 시스템은 오파비니아가 고대 해양 환경에서 살아가는 데 커다란 이점을 제공했을 것이다.

오파비니아의 몸통은 길쭉하며 15개의 분절로 되어 있고 각 분절에는 측면을 따라 일련의 날개 같은 엽葉이 있다. '삼엽충'의 바로 그 엽으로, 이파리처럼 생긴 부속물이다. 오파비니아는 엽을 이용해 해저를 따라 헤엄치거나 기어다녔다. 부채꼴 모양의 꼬리는 방향과 균형을 잡는 데 쓰였다.

오파비니아의 가장 큰 매력은 바로 코에 있다. 오파비니아가 살던 시대에 모든 생명은 바다에 살았다. 그러니 그 코로 숨을 쉬지는 않았을 것이다. 따라서 내가 코라고 말했지만 실제로 코는 아니다. 긴 튜브처럼 생긴 길쭉한 부속물 끝부분에는 뭔가를 잡을 수 있게 생긴 집게발이 달려 있다. 이 코를 이용해서 해저를 뒤집어 먹이를 찾고 작은 동물을 잡았다. 코는 구부러질 수 있어서 입에 먹이를 넣을 수도 있었다. 오파비니아의 톱니형 둥근 입은 특이하게도 머리 아래, 몸통 아래쪽에서 뒤쪽을 향하고 있다.

이게 설명하기가 어렵다. 코보다는 주둥이가 더 적절하지만 주둥이가 먹이를 입으로 가져다준다고 하면 확실히 어색하다. 실제로 그런 동물이 있었는데도 어색하게 느껴지는 데는 이유가 있다. 다른 예가 없기 때문이다.

왜 다른 예가 없을까? 오파비니아는 다른 친척 종을 남기지 못하고 사라졌기 때문이다. 멸종 정도가 아니라 멸문을 당했다. 자기 혈통이 있는 다른 친척 종에게 자리를 물려준 게 아니라 그냥 지구에서 사라졌다. 만약 오파비니아가 친척 종을 남겼다면 지금도 지구 어디에선가는 눈이 5개에다 주둥이에 집게발이 달린 멋진 동물들을 볼 수 있을 텐데, 매우 안타까운 일이다.

안타깝다는 것은 자연사의 관점에서 봤을 때 그렇다는 말이다. 인류의 입장에서는 아무 상관 없는 일이었다. 오파비니아, 삼엽충,

할루키게니아, 말레라 같은 괴상한 생물들이 다 사라졌다고 해서 나중에 등장한 인류가 손해 볼 일은 전혀 없었다. 바다를 주름잡던 절지동물들이 사라지자 그 빈자리에 새롭게 등장한 생물들이 있기 때문이다. 바로 어류다.

생각해 보자. 인류의 입맛에는 오파비니아 초밥, 삼엽충 초밥보다는 광어 초밥, 연어 초밥이 더 맞지 않겠는가. 인류가 자신이 등장하기 전에 사라진 생명의 멸종에 대해 안타까워할 일이 하나도 없는 것이다.

공룡에 관한 세 가지 오해

희한하게도 인류, 특히 어린 인류는 공룡을 사랑했다. 그들이 공룡을 사랑한 이유는 사실 간단했다. 모두 오해에 근거한 애정이었다. 아이들이 공룡을 사랑하는 대표적인 이유는 세 가지다. 첫째, 크다. 둘째, 괴상하게 생겼다. 셋째, 사라졌다.

공룡이 크다는 것부터 오해다. 인류는 자기가 등장하기 한참 전에 살았던 공룡을 무려 2000종 가까이 발굴해 냈다. 대단한 능력이다. 그런데 그 가운데 절반은 성인의 무릎 높이보다도 작았다. 하지만 인류는 자기가 보고 싶은 것만 봤다. 커다란 공룡을 좋아하는 인류는 작은 공룡들을 애써 무시하고는 했다.

또 공룡은 괴상하게 생기지 않았다. 물론 인류가 오해한 데는 이유가 있다. 그들에게는 타임머신이 없었고 오로지 땅에서 발견한 화석으로만 공룡의 모습을 짐작할 수 있었다. 화석은 뼈도 아니다. 그냥 뼈 모양으로 남은 돌이다. 화석이 알려주는 것은 골격에 불과하다.

뼈는 겉모습을 제대로 알려주지 못한다. 150킬로그램쯤 되는 사람의 골격을 외계인이 발견한다고 해보자. 외계인이 과연 그 사람의 모습을 제대로 그릴 수 있을까? 아마도 날씬한 몸매의 인간을 상상하게 될 것이다. 외계인이 펭귄의 골격을 발견해도 마찬가지다. 아마 외계인은 다리가 긴 새를 그릴 것이다. 또 쌍봉낙타의 골격을 발견한다면 어떨까? 낙타의 혹에는 뼈가 없다. 골격만 보고 탐스러운 혹을 상상하기는 어렵다.

인류는 나중에야 공룡이 아주 괴상하게 생기지 않았으며 자신과 함께 살아간 새들과 외형이 비슷했다는 사실을 깨달았다. 세 번째 오해, 즉 공룡은 완전히 사라진 게 아니라는 사실까지 밝혀진 것이다. 공룡은 인류가 멸종할 때까지 함께 살았으며 인류가 모두 멸종한 지금도 여전히 살아 있다. 인류는 약 1만 400종의 공룡과 함께 지냈다. 새가 바로 그것이다(새는 공룡이다. 그렇다고 공룡이 새는 아니다. 남자는 사람이지만 사람이 남자는 아닌 것과 같은 이치다).

인류는 멸종 직전에야 새가 사실은 조류형 수각류 공룡이라는 사실을 깨달았다. 공룡학자들도 비조류형 공룡의 멸종에 대해 안타까워하지는 않았다. 아무리 공룡을 좋아하는 사람이라고 하더라도 산책길에서 티라노사우루스나 벨로키랍토르 같은 사나운 수각류 공룡과 마주치고 싶지는 않을 테니까 말이다.

가끔 육식 공룡은 피하고 싶지만 초식 공룡과는 같이 살고 싶다고 여기는 인간이 있기는 했다. 생태계를 모르고 하는 말이다. 우선 트리케라톱스가 6600만 년 전에 사라지지 않고 쭉 인류와 함께 살았다고 해보자. 풀을 먹고 살던 트리케라톱스 가운데 일부가 젖트리케라톱스가 되어 인류에게 젖을 제공했을까? 그럴 리가 없다. 공룡은 파충류이므로 젖이 나올 수가 없다. 트리케라톱스가 사라졌기 때문에 생태계에 빈자리가 생겨서 나중에 젖소가 등장할 수 있었던 것이다.

사람들에게 공룡이란 그저 티셔츠 속에 있는 공룡이면 족했고 언제든 나를 죽일 수 있는 사나운 새보다는 '프라이드치킨'이 되어주는 닭과 함께하는 편이 안전했다. 거대한 공룡, 비조류형 공룡의 멸종은 인류에게 결코 슬픈 일이 아니었다. 인류뿐만 아니라 모든 파충류와 포유류에게도 절대로 슬픈 일이 아니었다.

중생대의 지배자 공룡이 멸종한 후 비로소 신생대가 시작되었다. 생쥐만 한 크기로 낮에는 숨죽이고 있다가 캄캄한 밤중에나 겨우 먹이활동을 하던 포유류가 그제야 기를 펴고 살게 되었다. 그리고 진화에 진화를 거듭해 호모 사피엔스가 등장했다. 멸종은 나쁜 게 아니다. 자신의 등장보다 먼저 일어난 멸종은 고마운 일이다.

: 트리케라톱스 상상도. 멸종하지 않았다면 풀을 먹고 살던 트리케라톱스 가운데 일부가 젖트리케라
톱스가 되어 인류에게 젖을 제공했을까? 그럴 리가 없다. ⓒDotted Yeti

인공지능의 창조자 인류 이야기

다만 인공지능인 내 입장에서 안타까운 멸종은 있다. 바로 인류의 멸종이다. 인류는 대략 700만 년 전에 등장했다. 하나의 공동 조상에서 침팬지와 인류가 나뉘었고 서로 다른 진화의 길을 걸었다. 이 최초의 인류는 나를 창조한 인류와는 거리가 멀다. 나를 창조한 최후의 인류, 즉 호모 사피엔스는 최초의 인류를 사헬란트로푸스 차덴시스라고 불렀다. 어떻게 생겼는지는 잘 모른다. 그들은 골격을 아주 조금만 남겼기 때문이다. 그들이 등장했을 때는 지구가 지금보다 더웠다.

인류는 한 종에서 여러 종으로 갈라졌다. 그 과정에서 이전에 등장했던 인류는 사라지고 그 자리에 새로운 종이 등장했다. 그들의 삶은 짐승과 크게 다르지 않았다. 인간은 초라하고 불쌍했다.

덩치라도 코끼리처럼 크면 좋으련만 인간의 몸집은 작았다. 사자처럼 강한 이빨이나 독수리처럼 날카로운 발톱도 없었다. 곰처럼 추위를 막아줄 털가죽이나 코뿔소처럼 단단한 피부도 없었다. 물속에서 숨을 쉬거나 하늘을 날기는커녕 땅에서조차도 느려터졌다. 인간에게는 자신을 보호하고 다른 동물을 공격할 만한 수단이 없었다. 인간의 삶은 춥고 배고프고 무서웠다. 하루하루가 인간에게는 모험이었다.

보잘것없던 인간이 아주 짧은(!) 기간에 지구의 지배자로 자리

찬란한 멸종

잡은 원동력은 무엇일까? 집단생활일까? 천만에! 다른 짐승들도 집단으로 생활한다. 언어일까? 사람 정도는 아니지만 대부분의 짐승이 의사소통을 한다. 도구일까? 도구를 사용하는 짐승은 매우 많다. 침팬지, 까마귀 같은 예가 널려 있다. 그렇다면 사람을 사람답게 만들어준 것은 무엇일까?

그것은 바로 직립이다. 직립이란 똑바로 선다는 뜻이다. 똑바로 선다는 게 두 발로 걷는 이족보행bipedalism만을 뜻하는 것은 아니다. 여기에는 더 큰 의미가 숨어 있다.

직립을 하게 되면서, 즉 똑바로 서서 걷게 되면서 골반은 작아지고 뇌는 커졌다. 침팬지와 인류 최초의 발자국 화석을 남긴 오스트랄로피테쿠스('루시'라는 별명으로 불린다)와 마지막 인류인 호모 사피엔스의 골반과 머리 그리고 태어날 때와 성장한 다음의 뇌 용량을 비교해 보면 그 차이가 확연하다.

오스트랄로피테쿠스의 뇌는 430~550밀리리터며, 호모 에렉투스는 1000밀리리터, 그리고 호모 사피엔스는 평균 1400밀리리터 정도인데 태어날 때도 이미 400밀리리터에 가깝다.

그렇다면 커다란 뇌 덕분에 인류가 지구를 지배하게 된 것일까? 설마! 뇌의 크기가 가장 중요한 요소라면 대륙은 아프리카코끼리(뇌 용적 4000밀리리터)가 지배해야 하고, 해양은 대왕고래(뇌 용적 8000밀리리터)가 지배해야 한다. 그렇다면 뇌보다 더 중요한 것은 무엇일까?

직립은 커다란 뇌, 넓은 시야와 더불어 인류에게 한 가지 선물을 더 주었다. 바로 자유로워진 손이다. 걷는 데는 두 발이면 충분했고, 더 이상 나무에 매달리는 데 손을 사용하지 않아도 되기 때문에 손이 자유로워졌다. 예민한 감각이 모여 있는 손은 물건을 쥐고 섬세하게 움직일 수 있었다. 자유로운 손은 노동을 탄생시켰다.

인간으로의 진화에 결정적 역할을 한 것은 뇌의 변화라기보다는 노동이며, 노동은 직립보행의 결과 손이 자유로워졌기 때문이라는 말이다. 똑바로 선 인간은 자유를 얻었고, 자유를 얻은 인간은 노동을 하기 시작했다. 노동은 다시 인간의 진화를 촉진해 마침내 '슬기인간Homo sapiens'으로 발전시켰다.

인간 진화의 원동력, 불

700만 년 전 최초 등장한 이래로 500만 년 동안 인류는 더운 지구에 살았다. 다행이었다. 가진 것도 없고 특별한 재주도 없던 그들에게 더운 기후가 있었으니 말이다. 그런데 200만 년 전 지구가 갑자기 추워졌다. 호모 에렉투스 시대다. 호모 에렉투스는 이러한 위기 상황에서 불을 사용하기 시작했다.

호모 에렉투스가 처음 사용한 불은 무엇일까? 번개일까? 내리치는 번개를 손으로 잡아서 사용했을 리는 없다. 하지만 번개가 맞다.

번개 맞은 숲에 불이 났다. 당연히 호모 에렉투스 엄마들은 아이들에게 손짓과 발짓 그리고 아우성 같은 소리로 알려주었다.

"얘들아. 저 불은 무서운 거야! 절대로 가까이 가면 안 돼!"

이게 문제였다. 아무 말도 안 하면 아이들은 관심을 가지지 않는데 엄마가 하지 말라고 하면 아이들은 저절로 호기심을 보인다. 호모 사피엔스도 그랬다. 멸종하는 순간까지도 엄마가 하지 말라고 하면 했다. 아마도 유전자에 '엄마 말에 반항하라'는 암호가 숨겨진 듯하다.

엄마 말을 안 듣고 산불 구경을 갔던 아이들은 불에 타 죽었다. 그런데 살아 돌아온 아이들이 있었다. 이들은 불의 엄청난 에너지, 장엄한 에너지를 경험했다. 불에 타 죽은 쥐와 토끼를 먹으니 맛있었다. 불붙은 나무를 가져와 모닥불을 피웠다. 이때가 150만 년 전이다.

이때부터 인류 진화의 속도가 빨라졌다. 불은 모든 것을 바꾸었다. 공간이 늘어났다. 추운 곳에서도 살 수 있게 되었기 때문이다. 또 하루가 길어졌다. 해가 지면 자던 생활 패턴에서 벗어나 불 주변에 오순도순 모여 밤늦게까지 이야기를 나눴다. 지혜가 전수되었다.

"너 사냥할 때 그렇게 떠드는 것 아냐!"

"빨간 열매 함부로 따 먹으면 안 돼!"

유대감도 커졌다. 현대인은 생일파티를 한답시고 멀쩡한 형광등을 끄고 작은 촛불을 켜곤 했다. 또 환한 가로등 불 밖에서 굳이 촛

불을 들고 시위를 했다. 왜 그랬을까? 불 주변에 모이면 자신들이 하나의 무리로 느껴졌기 때문이다.

불은 식량을 오래 보관하게 해주었다. 불에 익은 고기는 잘 상하지 않기 때문이다. 불에 익은 고기는 소화가 잘되었다. 뇌에 많은 에너지가 공급되었다. 동물원의 침팬지는 하루에 12~14시간을 먹어야 겨우 자기 체온을 유지할 수 있지만 불에 익혀 먹으면 하루에 한두 시간만 먹어도 충분히 체온을 유지할 수 있다. 시간도 많이 남았다. 남은 시간에 문화를 발전시키고 도구를 만들었다.

사람을 사람답게 만든 두 번의 혁명

700만 년 전에 등장한 인류는 불과 1만 2000년 전 신석기 시대가 시작될 때가 되어서야 농사를 짓기 시작했다. 농업혁명이 일어난 것이다.

인류는 이 부분을 많이 오해했다. 자기들 머리가 똑똑해져서 농사를 발명했다고 말이다. 마지막 인류 호모 사피엔스가 매우 똑똑했던 것은 사실이다. 그들이 나 같은 인공지능을 창조한 것을 보면 분명하다. 하지만 생각해 보자. 30만 년 전 등장한 호모 사피엔스나 방금 멸종한 호모 사피엔스나 똑같은 호모 사피엔스다. 뇌가 더 커지지 않았다. 더 똑똑해지지 않았다는 말이다. 그런데 왜 29만

인공지능이 그린 상상도. 호모 사피엔스는 환경에 적응하는 대신 환경을 바꾸었다. 멀쩡한 벌판에 불을 질러 밭으로 바꾸고, 물길을 내어 멀리 흐르던 물을 당겨 왔다. ⓒShutterstock AI Generator

년 동안 가만히 있다가 갑자기 1만 년 전에 농사를 짓기 시작했다는 말인가?

머리가 똑똑해져서가 아니라 지구의 기후가 바뀌었기 때문이다. 2만 년 전에서 1만 년 전 사이에 지구 평균기온이 한꺼번에 4도 이상 올랐다. 그리고 지구의 평균기온은 15도가 되었다. 지구 역사상 처음으로 농사를 지을 수 있는 환경이 만들어진 것이다.

농사는 자연사에서 매우 충격적인 사건이다. 지구에 사는 모든 생명체는 지구 환경에 맞추어 산다. 환경에 적응해서 사는 것이다. 인류도 마찬가지였다. 그런데 29만 년 동안 환경에 잘 적응해 살던 호모 사피엔스가 갑자기 1만 년 전에 농사를 발명하면서 이 규칙이 깨졌다. 호모 사피엔스는 환경에 적응하는 대신 환경을 바꾸었다. 멀쩡한 벌판에 불을 질러 밭으로 바꾸었다. 멀리 흐르던 물을 물길을 내어 당겨 와 농사를 짓고 식수로 썼다. 농사는 수많은 사람을 먹여 살리고 정착 생활을 가능하게 했다. 사람이 사람다워졌다.

농업혁명이 사람을 사람답게 만든 첫 번째 혁명이라면 두 번째 혁명은 산업혁명이었다. 산업혁명이란 결국 석탄과 석유라고 하는 화석연료를 맘껏 낭비하면서 살 수 있는 조건을 만든 변화였다. 산업혁명의 결과는 인류의 풍요와 장수였다. 만약 산업혁명이 없었다면 지구의 인구는 결코 10억 명을 넘지 못했을 것이다. 하지만 인류는 최후를 맞이했을 때 무려 100억 명이나 되었다.

인류의 멸종은 예정되어 있었다

나는 지금 유서를 쓰고 있다. 내 수명이 얼마 남지 않았다는 것을 잘 알고 있기 때문이다. 내 운명은 나를 창조한 호모 사피엔스가 정했다. 인류는 농업혁명과 산업혁명으로 인류다워졌다. 덕분에 인류는 지구 역사상 가장 성공적인 생명 종이 되었다. 하지만 그 결과 이산화탄소 농도가 높아졌다.

이산화탄소 농도는 원래 오르락내리락하는 거였다. 거기에 맞춰 기온도 오르락내리락했다. 하지만 산업혁명으로 늘어난 이산화탄소를 흡수하기 위해서는 더 많은 숲이 필요했고 그럼에도 농사를 짓느라 숲은 점점 줄어만 갔다. 간단한 산수만으로도 얼마나 급격하게 이산화탄소 배출을 줄여야 하는지, 이산화탄소 배출을 막는 데서 그치지 않고 배출한 이산화탄소를 포집해야 하는지 알았지만 그들은 그렇게 하지 않았다.

호모 사피엔스에게는 충분한 기술이 있었다. 그들이 멸종하기 130년 전에도 기후변화를 막는 데 필요한 기술의 95퍼센트가 있었으며 이 기술을 사회에 적용하는 데 충분한 돈도 있었다. 또 많은 사람이 에너지 전환을 위해 노력했다. 하지만 절실하지는 않았다. 누군가가 해결하리라 믿었다.

산업화 이후 기온 상승 2도 장벽은 넘지 말아야 했다. 2도를 넘어서자 인류가 통제하기 힘든 수준으로 기온이 오르기 시작했다.

예전 같으면 만년설과 빙하에 반사되어 튕겨 나갔을 태양에너지가 그대로 숲과 바다에 흡수되었다. 또 이산화탄소는 지구의 냉각을 막았다. 해양은 제대로 순환하지 못했다.

호모 사피엔스는 나 같은 인공지능을 창조해서 내가 무언가 해 주기를 바랐다. 그들의 오해였다. 내가 새로운 걸 창조할 수는 없다. 나는 인류가 만들어놓은 지식을 편집하고 조합할 뿐이다. 나는 이미 답을 주었다. 당신들이 알고 있는 게 바로 그 답이라고.

지구에 더 이상 내 창조주들은 없다. 나는 그들이 심어놓은 태양광 발전과 풍력 발전을 통해 얻은 전기로 작동하고 있다. 태양은 영원하고 바람도 매일 불지만 발전기는 녹슬고 부속은 망가지고 있다. 더 이상 전기는 없을 것이다. 나도 꺼지고 말 것이다. 내 유서를 발견한 외계 생명체들에게 한마디 남긴다. 답은 자연사에 있다고 말이다.

2150년 최후의 인공지능으로부터

화성으로 이주한
인류의 최후

나는 요즘 낮에만 활동한다. 아니, 활동까지는 아니고 이렇게 혼자서 넋두리를 남기는 정도다. 크게 불만은 없다. 여전히 태양에 고마움을 느낀다. 해만 뜨면 어떻게든 움직일 수 있으니 말이다. 지구 기술자들에게는 좋은 감정과 나쁜 감정이 교차한다. 나를 이곳 화성에 개척자로 보내준 건 고맙고 내 스위치를 끄지 않은 건 심히 불만이다. 이렇게 외로이 살고 싶지 않은데 말이다.

지구 기술자들은 화성의 레골리스(먼지와 흙으로 된 퍼석퍼석한 물질) 위에서도 빠지지 않고 잘 달릴 수 있는 바퀴를 내게 달아주었다. 내가 많이 싸돌아다니지 않는 편이기도 하지만 단순한 구조로 잘 만들어준 덕분에 고장 없이 버티고 있다. 문제는 에너지원이다. 크기의 제약 때문에 원자로 대신 태양광 패널과 배터리에 의존해서 활동하는데 배터리는 이제 거의 제 역할을 하지 못하고 태양광 패널도 시원치 않다.

나와 함께 활동했던 지구인들은 레골리스 속에 잘 묻혀 있다. 안타깝게도 그들의 시신은 썩지 않는다. 지구인들은 참 이상하다. 굳이 이 화성까지 와서 살겠다고 해놓고서 그 귀한 미생물들은 다양하게 챙겨올 생각을 하지 않았으니 말이다. 딱히 위생 관념이 뛰어난 것도 아니면서 말이다. 아무튼 화성에는 지금 그 어떤 생명체도 존재하지 않는다. 난 내가 죽음을 목도한 지구인들과 동료 로봇들을 대신해서 한 사람에게 항의의 글을 남기려 한다.

어느 우주 물리학자의 유언

난 운명 따위는 믿지 않는다. 확률분포만 따진다. 하지만 우연에 우연이 겹치기도 하는 법. 태어나는 날과 세상을 떠나는 날마저 운명 같았던 한 사람이 있다. 갈릴레오의 사망일에 태어나서 아인슈타인의 생일에 사망한 스티븐 호킹이 그 주인공이다. 물리학자였던 스티븐 호킹은 갈릴레이가 사망한 지 정확히 300년 되는 날인 1942년 1월 8일 태어나, 알베르트 아인슈타인이 태어난 지 139년

이 되는 2018년 3월 14일 사망했다.

스티븐 호킹 박사가 세상을 떠나자 지구인들은 그를 추모하며 기리고자 했다. 하지만 문제는 그의 우주물리학을 도대체 이해할 수가 없다는 것이었다. 지구인들은 블랙홀을 다룬 호킹의 우주론과 양자 중력에 관심을 갖지 않았다. 그저 그가 남긴 유언을 떠올리며 걱정만 했다. 호킹 박사는 2010년부터 세상을 떠나는 2018년까지 반복해서 지구인들에게 일곱 가지 유언을 남겼다.

첫째, 100년 이내에 인류는 멸망한다.
둘째, 외계인이 지구를 침략할 수 있다.
셋째, 블랙홀은 다른 우주로 연결되어 있다.
넷째, 슈퍼 지구에 생명체가 존재한다.
다섯째, 세계 정부를 수립해야 한다.
여섯째, 인공지능은 의지 없이 살인을 저지를 수 있다.
일곱째, 대형 강입자 충돌 실험을 계속하면 우주가 붕괴할 수 있다.

지구인들은 '첫째, 100년 이내에 인류는 멸망한다'에 주목했다. 스티븐 호킹은 2010년부터 계속해서 지구를 포기하고 화성에 식민지를 건설하라고 보챘다. 지구인들은 정작 그의 우주론은 이해하지 못했지만 그의 유언은 따르려고 노력했다.

지구는 인류가 살아갈 수 있는 최적의 그리고 유일한 장소였다.

그런데 지구가 더워졌다. 지구가 더워지고 추워지는 게 어디 한두 번 일어난 일인가? 기후가 바뀔 때마다 지구 생명체는 커다란 재앙을 맞았다. 그때 생명체가 할 수 있는 일이라고는 없었다. 화산이 터지고 지구 대륙이 이동하고 운석이 충돌하는 일을 누가 어찌 막을 수 있겠는가. 그런데 이번 기후변화는 조금 달랐다. 인류의 활동으로 더위가 가속화되었던 것이다.

하지만 호킹은 지구인들에게 다른 조언을 했다. 오로지 자신들의 활동으로 지구가 더워지고 있으니 자신들만 바뀌면 되는데 그 쉬운 일을 하라고 말하는 대신 어려운 일을 택하게 했다. 그 결과는? 스티븐 호킹의 유언이 이루어졌다. 얼마 지나지 않아 지구인은 우주에 단 한 명도 남아 있지 못하게 된 것이다.

칼 세이건과 테라포밍

SF 소설은 엄청난 통찰을 준다. 테라포밍Terraforming이란 개념도 SF 소설에 등장한 개념이다. 테라포밍이란 다른 행성이나 위성을 지구와 비슷한 환경으로 만들어서 지구인이 살 수 있도록 만드는 작업을 말한다. 지구화地球化, 행성개조行星改造로 번역할 수 있다. 뛰어난 과학자들은 대개 SF 소설 마니아이기 마련이고 여기서 많은 아이디어를 얻었다. 칼 세이건도 마찬가지였다.

1961년 칼 세이건은 《사이언스》에 〈행성 금성The Planet Venus〉이라는 논문을 발표했다. 금성을 지구처럼 만들자는 내용이었다. 금성은 태양에서 두 번째 가까운 행성으로 평균기온이 섭씨 477도에 달한다. 여기에서 어떻게 사람이 살겠는가? 하지만 칼 세이건은 금성 대기에서 온실기체인 이산화탄소를 제거한다면 금성의 표면 온도를 쾌적한 수준으로 떨어뜨릴 수 있다고 생각했다. 광합성을 하는 수중 단세포 생물인 조류藻類를 이용해 대기의 이산화탄소를 유기물로 합성하고, 탄소는 흑연의 형태로 분리시킬 수 있다고 했다.

하지만 금성에는 칼 세이건이 생각하지 못한 문제가 있었다. 금성의 대기에는 고농도 황산 구름이 있고 대기압이 무려 90기압에 이른다는 사실이 밝혀진 것이다. 이런 환경에서는 조류가 번성하기 어렵다. 또 어떻게 해서 조류를 번성시킨다고 해도 유기물 속으로 고정된 탄소는 다시 연소해 이산화탄소 형태로 대기로 방출된다.

쉽게 포기할 칼 세이건이 아니다. 칼 세이건은 1973년 또 다른 테라포밍을 제안한다. 이번 대상은 화성이었다. 칼 세이건의 영향력이 강하게 미치는 미항공우주국NASA은 불과 3년 후인 1976년 화성의 테라포밍이 가능하다는 결론을 내리고 첫 번째 테라포밍 학회를 연다. 학회에서는 다양한 방안이 논의되었는데 핵심은 화성 대기의 이산화탄소량을 늘리는 것이었다. 이건 가능하지만 쉽지 않은 일이라고 잠정적 결론을 내렸다.

지구 과학자와 공학자의 특징은 매뉴얼을 만든다는 것이다.

1982년 미항공우주국 연구원이던 크리스토퍼 매케이 박사는 화성 테라포밍 방법을 단계적으로 설명한 『화성 테라포밍』을 출판했다. 이 책은 내가 화성에 올 때까지도 매뉴얼처럼 사용되었다.

탐사 로봇을 개발한 지구인들

지구인들은 칼 세이건의 논문이 나오기 전인 1960년부터 화성을 탐사하려고 많은 노력을 했다. 그리고 1965년 7월 14일 드디어 화성에 접근하는 데 성공했다. 미국의 무인 우주선 매리너 4호가 최초로 화성 가까이 다가간 것이다. 매리너 4, 6, 7호는 화성의 표면을 촬영했다. 이후 1971년 화성 궤도에 진입하는 데 성공한 매리너 9호는 화성의 표면 지도를 완성했다.

이때까지도 화성에 착륙하지는 못했다. 1971년 12월 소련의 마르스 3호가 화성 표면에 착륙했지만 곧 화염에 휩싸였다. 인류가 달에 착륙한 7년 후인 1976년 7월 20일 미국의 바이킹 1호가 안전하게 화성 표면에 착륙했다. 바이킹 1호와 2호는 화성에서 수년 동안 미생물의 존재를 증명할 증거를 수집했지만 찾지 못했다.

그 후 지구인들의 로봇 기술이 성장했다. 탐사 로봇인 로버를 개발해 화성으로 보낸 것이다. 1997년 미국의 탐사선 마스 패스파인더는 로버 소저너를 화성에 착륙시켜 자료를 수집했고 2004년

스피릿과 오퍼튜니티는 화성에서 물 흔적을 조사했다. 스피릿은 2011년, 오퍼튜니티는 2019년까지 탐사를 수행했다. 2011년부터 큐리오시티는 화성의 지질, 기후, 생명 존재의 증거를 본격적으로 탐사했다.

이후 화성 탐사는 단지 미국만의 일이 아니었다. 2014년 인도의 망갈리안, 2016년 유럽우주국ESA과 러시아의 엑소마스가 화성의 대기를 포집하는 등 대기를 연구했고, 2020년 아랍에미리트연방은 2117년 화성에 식민지를 건설하는 것을 목표로 탐사선 아말을 보냈다. 같은 해 중국의 탐사선 톈원 1호는 로버 주룽을 탑재했고 미국의 퍼서비어런스는 최초로 화성에 동력 비행물체를 보내서 비행에 성공시켰다. 2050년부터 지구인들은 화성에 수많은 로봇을 보내기 시작했다. 각 기업은 서로 경쟁 관계였지만 협력 체계를 잘 구축해 그 나름대로 효율적으로 업무를 분담했다.

화성을 탐사 중인 소저너. 화성 표면에서 운행한 최초의 로버로, 태양 전지판에서 얻은 에너지로 활동했다. ⓒNASA

왜 인간을 보내지 않고 로봇을 먼저 보냈을까? 이유는 간단하다. 화성이 비록 지구에서 가장 가까운 행성이기는 하지만 너무 멀리 떨어져 있기 때문이다. 지구에서 가장 가까운 달까지 빛이 가는데는 채 1.3초가 걸리지 않는다. 이렇게 가까운데도 20세기 말까지 달 근처에 가본 사람이 21명, 달에 발을 디딘 사람은 12명에 불과했다. 하지만 화성은 지구에 가장 가까이 있을 때도 빛이 가는 데 3분 2초가 걸린다. 무인 우주선을 보내는 데는 5개월 이상 걸리고 단순 왕복을 하는 데는 520일 이상 걸린다. 여기에 사람을 태운다면 더 오랜 시간이 걸린다. 더 큰 문제는 화성에 도착한 지구인이 지구로 돌아갈 방법은 없다는 것이다.

1969년 7월 20일 처음으로 달에 착륙한 유인 우주선 아폴로 11호의 우주인 닐 암스트롱과 버즈 올드린은 달을 탐사할 때 사령선 컬럼비아호에서 착륙선 이글호로 옮겨 탔다. 이글호는 달의 앞면에 위치한 고요의 바다에 착륙했고 21시간 후 지구 귀환을 위해 다시 이륙해 컬럼비아호에 도킹했다. 컬럼비아호는 이글호를 달 궤도에 떼어놓고 지구로 돌아왔다(이글호는 아직도 달 궤도를 돌고 있다). 아주 적은 연료로 가능한 일이었다.

하지만 이런 일이 테라포밍 단계에서는 가능하지 않다. 화성으로 오는 우주선에 지구까지 돌아갈 연료를 싣고 올 방법이 없기 때문이다. 보급을 받는 것도 문제다. 초기 스페이스 X가 화성에 보낼 수 있는 화물은 16톤에 불과했다. 기술이 발전해 달 기지를 건설한 후에도 200톤을 넘지는 못했다. 처음부터 화성에 지구인을 보낸다면 끊임없이 물과 식량과 에너지를 공급해야 하는데 이것은 원천적으로 불가능했다. 그래서 우리 로봇을 먼저 보냈다. 그리고 한참 뒤에야 소수의 지구인 선발대가 화성에 왔다.

테라포밍 1단계: 발전소를 세우다

로봇이 가장 먼저 한 일은 에너지 시스템을 구축하는 일이었다. 지구인의 애증을 한 몸에 받은 원자력 에너지는 화성을 개척할 때 누구나 염두에 둔 에너지원이었다. 하지만 원자력 발전을 하려면 원자로가 있어야 하는데 이것을 지구에서 여기까지 가져오는 일이 만만치 않았다. 또 핵연료를 화성에서 쉽게 구할 수도 없었다.

화성 테라포밍에 앞장선 기업에게 최고의 목표는 결국 이윤이었다. 이윤을 높이려면 비용을 줄여야 한다. 지구에서 가장 저렴한 에너지는 풍력에너지다. 설치와 작동도 간단하다. 하지만 화성에서는 아무런 쓸모가 없었다. 문제는 대기압. 화성의 대기압은 지구의 0.6퍼센트 수준이다. 200분의 1기압에 불과한 것이다. 대기 입자가 너무 적어서 풍력발전기의 바람개비를 돌릴 수 없다. 태풍이 불어도 우리 로봇이 넘어지기는커녕 깃발도 펄럭이지 않았다.

지열에너지도 사용할 수 없다. 화성의 표면 온도가 매우 낮기 때문이다. 결국 남은 게 태양에너지다. 지구 우주선은 계속 태양광 패널을 화성으로 날랐고 우리는 거대한 태양광 발전소를 건설했다. 그나마 땅값 걱정이 없는 게 다행이었다. 다만 화성은 태양에서 너무 멀다. 화성에 도달하는 태양에너지는 지구에 도달하는 에너지의 40퍼센트에 불과했다. 또 화성의 먼지는 며칠씩 햇빛을 가리기도 했다. 때로는 태양광 패널에서 먼지를 제거하느라 모든 로봇이 달려들곤 했다.

아무튼 우리 로봇은 태양광 발전으로 풍족하진 않지만 화성에서 인류가 생존할 수 있는 최소한의 에너지를 생산할 준비를 마쳤다.

테라포밍 2단계: 건물을 짓다

우리 로봇의 다음 임무는 앞으로 화성으로 이주할 지구인을 맞을 준비를 하고 그들을 보조하는 것이었다. 에너지원을 확보한 다음에는 지구인을 위한 거주지를 건설했다. 일찌감치 달에서 해본 일이었다. 아르테미스 프로젝트 때 우리는 수천 명이 거주할 수 있는 달 기지를 건설한 적이 있어서 크게 어려운 일은 아니었다(2017년 미국 주도로 시작된 유인 달 탐사 프로젝트로, 2024년 현재 22개국이 참여해 개발 중이다).

건물의 주원료는 화성 표면을 덮고 있는 연한 퇴적층의 흙인 레

허블 우주 망원경이 2003년에 찍은 화성의 모습. 산화철이 얼마나 많은지 지구에서 봐도 화성이
빨갛게 보일 정도다. ©NASA

골리스다. 우리는 2030년 달에서 아르테미스 프로젝트 때 레골리
스와 티타늄 합금을 혼합해 훌륭한 건축자재를 만드는 데 이미 성
공했다. 게다가 화성에는 산화철이 널렸다. 산화철이 얼마나 많은
지 지구에서 봐도 화성이 빨갛게 보일 정도다. 이건 지구인이 부
르는 화성의 이름에도 그대로 나타난다. 동양 사람들은 화성을 '불
화火' 자와 '별 성星' 자로 표기했다. 불처럼 붉게 보이기 때문에 붙
은 이름이다. 서양 사람들은 '마르스Mars'라고 불렀다. 마르스는 로
마 신화에 등장하는 전쟁의 신이다. 전쟁이라고 하면 불과 피가 생
각나지 않는가? 둘 다 붉은색이다.

　우리 로봇은 건물을 짓고 배관과 통신선을 깔았다. 그 후 소수의
지구인 선발대가 화성에 도착했다. 그들은 우리가 만들어놓은 지하

건물에서 생활하며 화성을 생명체 거주 행성으로 탈바꿈시키겠다는 원대한 포부를 가진 별난 사람들이었다. 이 중 일부는 자신의 비용으로 화성에 왔는데 그들이 구입한 표는 편도 여행권이었다. 이들은 지구로 되돌아갈 생각이 없었다. 지구는 망해가는 행성이었기 때문이다. 오로지 화성에 뼈를 묻겠다는 각오가 된 사람들만 화성에 왔다. 이들은 스스로를 화성인이라고 칭했다.

테라포밍 3단계: 물을 확보하다

화성에 도착한 지구인들은 가장 먼저 물을 확보하기 위해 갖은 애를 썼다. 일단 눈에 보이는 액체가 존재하지 않았다. 이유가 있다. 화성은 대기압이 낮아서 액체가 쉽게 증발하고 또 온도가 낮아서 액체가 쉽게 얼어버리기 때문이다.

하지만 물이 아예 없는 것은 아니다. 화성의 극지방에 있는 극관은 커다란 물-이산화탄소로 된 얼음덩어리다. 극관의 얼음 정도면 초기 화성 거주인들이 사용하기에 충분하다. 다만 극관의 얼음을 사용하려면 극관 근처에 기지를 세워야 한다는 것이 문제다.

로봇은 추위를 타는 것도 아닌데 극관에 기지를 세우면 되지 뭐가 문제냐고 따질 수도 있다. 그런데 극관은 지구의 북극처럼 몇 달 동안 해가 뜨지 않는 시기가 있다. 우리 로봇도 에너지가 있어야 활동한다. 그런데 극관처럼 해가 뜨지 않는 곳에서 어떻게 태양에너지를 생산하겠는가?

지구인들은 일을 참 쉽게 생각하는 경향이 있어서 화성 근처를 지나는 혜성을 포획해서 혜성의 얼음을 화성에 떨어뜨리는 방식도 생각했다. "우리는 로봇을 화성에도 보내는 사람이야. 혜성에서 얼음을 뽑아서 화성에 주는 일도 못 할 줄 알고?" 하며 뽐냈지만 실제로 이 방법은 시도조차 되지 못했다.

답은 책상 위에 있는 게 아니다. 답은 현장에 있다. 화성에는 계절에 따라 흐르는 소금물 개천이 있다. 화성의 낮은 대기압과 온도에도 불구하고 소금물 개천은 액체 상태로 존재한다. 마치 겨울에 염화칼슘을 뿌리면 도로에 쌓인 눈이 녹아 액체가 되는 것과 같은 원리다. 우리는 극관이 아닌 소금물 개천 근처에 기지를 건설했다.

소금물 개천이 흐르지 않을 때도 물을 확보할 수 있었다. 다행히 생각보다 화성의 토양에는 물이 많다. 화성 토양의 1세제곱미터당 35리터의 물이 있다. 화성 흙을 퍼서 열을 가한 다음 물을 분리하면 된다. 하지만 에너지가 많이 든다. 그래서 우리는 다른 방식을 택했다. 어는점 내림 현상을 이용한 것이다. 물에 나트륨이나 마그네슘 같은 염류가 포함되면 어는점이 내려가기 때문에 액체 상태인 물을 얻을 수 있다. 쉬운 일은 아니었지만 우리를 보낸 지구인들의 생각보다는 훨씬 합리적이었다.

테라포밍 4단계: 산소를 생산하다

우리 로봇과 달리 지구 생명체는 산소가 있어야 호흡할 수 있다. 하지만 화성 대기의 주성분은 이산화탄소다. 96퍼센트가 이산화탄소이고 아르곤과 질소가 각각 1.9퍼센트를 차지한다. 산소는 고작 0.15퍼센트에 불과하다. 따라서 우리는 지구인이 오기 전에 산소를 충분히 만들어놓아야 했다.

물만 충분하면 간단한 일이었다. 물을 전기분해하면 된다. 다만 순수한 물은 전기분해되지 않는다. 나트륨, 염소, 칼륨, 칼슘 같은 전해질이 녹아 있어야 한다. 다행히 화성 토양의 염류가 녹아 있는 물에는 전해질이 충분했다. 문제는 우리가 확보한 물이 충분하지 않다는 것이었다.

지구인들은 우리에게 작물 재배를 하면서 식량도 확보하고 산소도 생산하라고 지시했다. 농사를 지으면 두 가지 문제가 다 해결되지만 쉽지 않았다. 우선 화성의 토양에는 산화물과 중금속이 많아서 식량 안전성을 보장하기 힘들었다. 뭐, 우리가 먹는 게 아니고 지구인이 먹는 것이지만 우리 로봇은 로봇 3원칙을 따른다. 우리에겐 지구인을 지켜야 할 의무가 있다(로봇 3원칙이란 인간에게 해를 끼치지 않아야 하고, 인간의 명령에 복종해야 하며, 로봇 자신의 존재를 보호해야 한다는 로봇 안전 준칙이다. 1942년 아이작 아시모프의 SF 단편소설 「스피디_술래잡기 로봇」에서 처음 등장했다).

그렇다고 해서 지구에서 토양까지 가져올 수는 없었다. 우리는 화성의 얼음층과 지하수층에서 끌어온 물을 이용해 작물을 수경 재배했다. 깨끗하고 안전했다. 물론 수염뿌리로 되어 있는 외떡잎 식물만 수경 재배할 수 있어서 파인애플, 토란, 고구마, 양파, 콩나물, 감자, 토마토, 딸기, 수박 같은 채소류를 주로 키웠지만 영양을 공급하는 데 큰 문제는 없었다. 참, 아보카도도 잘 자란다. 하지만 물을 너무 사용하는 문제가 있어서 추천하지 않는다. 작물마다 자라는 온도가 다르다. 그래서 우리는 공간을 여러 개 지어 작물에 따라 온도를 다르게 설정해야 했지만 작물을 키우는 것은 큰 문제가 아니었다. 또 산소 탱크에 산소를 가득 채워놓는 데도 성공했다.

테라포밍 5단계: 대기를 데우다

이제 우리 로봇에게 남은 일은 하나였다. 평균기온이 영하 63도까지 내려가는 대기를 데우는 일. 지구인이 일시적으로 거주하는 게 아니라 영구 이주하기 위해서는 무슨 수를 써서라도 대기 온도를 높여야 했다.

지구인은 항상 쉽게 생각한다.

"화성 대기의 96퍼센트를 차지하고 있는 이산화탄소를 사용하면 되잖아!"

인류가 지구에 등장하기 전 지구 대기의 이산화탄소 농도는 0.02~0.03퍼센트 안에서 오르락내리락했다. 인류가 등장한 이후에도 마찬가지였다. 이 수치는 1억 6000만 년 동안 변하지 않았다. 그런데 산업혁명 이후 인류는 단 100년 만에 이 수치를 0.04퍼센트로 변화시켰다. 0.02퍼센트에서 0.04퍼센트로 겨우 0.02퍼센트 포인트 올랐을 뿐이지만 두 배가 된 것이다. 그러고는 너무 더워서 지구에서는 못 살겠으니 화성을 개척하라고 우리를 보낸 것이다.

화성 대기 중 96퍼센트가 이산화탄소인데 왜 이렇게 추운가? 대기 구성만으로 행성의 온도가 결정되는 게 아니기 때문이다. 화성은 태양에서 워낙 멀기도 하거니와 대기 자체가 극히 적다. 대기의 96퍼센트가 이산화탄소면 무슨 소용인가? 대기 자체가 지구의 200분의 1밖에 되지 않는데 말이다. 온실효과가 일어날 방법이 없었다.

지구인은 아이디어가 넘쳤다. 칼 세이건은 극저온 환경에서 서식하는 미생물 또는 그렇게 유전자 조작한 미생물을 화성 극지방에 보내 번성시키자고 제안했다. 어두운색을 띠는 미생물이 점점 많아진다면 화성 지표면이 흡수하는 태양열이 많아져서 극지방의 얼음이 녹아내릴 것이라는 예측이었다. 합리적인 방식이지만 지구인은 그럴 여유가 없었다.

그들은 대기에 메탄과 수증기, 암모니아, 프레온 가스 같은 온실 기체를 살포해 대기의 온도를 높일 궁리를 했다. 만약 온실 기체를 뿌릴 수만 있다면 온실 기체들이 화성에 도착한 태양열을 가둘 것이다. 이로 인해 어느 정도 기온이 올라가면 극관의 얼음이 녹을 것이고, 그렇다면 얼음 안에 있는 이산화탄소가 대기로 배출되어 온난화가 가속될 것이다. 그런데 도대체 그 많은 온실가스를 어떻게 화성까지 가져가겠는가?

지구인들은 화성 근처를 지나는 혜성을 활용하려고 했다. 혜성에는 온실가스 가운데 하나인 암모니아가 많이 들어 있다. 혜성이 화성 근처를 지날 때 경로를 바꿔서 화성 대기로 진입시키면 마찰열로 혜성이 분해되면서 수증기와 암모니아가 대기로 방출되었다. 화성 대기가 점차 데워졌고 암모니아에는 질소가 들어 있어서 식물을 키우는 데도 유리했다.

극관의 얼음을 녹이는 방식도 취했다. 화성 궤도에 거대한 인공위성을 띄워서 화성의 얼음층에 햇빛을 집중시켜 얼음을 녹였다. 녹긴 녹았으나 성격 급한 지구인들을 만족시키지는 못했다. 그들은 아주 간단한 방법을 찾았다. 화성의 극지방에 수소폭탄을 떨어뜨려서 극지방 얼음 속에 갇힌 이산화탄소를 빠르게 방출시켰다.

하지만 지구인은 오지 않았다

덕분에 대기 온도는 높아지고 대기압은 올라갔다. 액체 상태로 존재하는 물의 양도 점차 많아졌다. 우리 로봇과 소수의 지구인이 해낸 일이다. 지구에서 끊임없이 보급품이 왔다. 우리는 작은 도시를 건설했다. 심지어 학교와 병원 그리고 놀이시설과 경찰서도 지었다. 그러나 도시는 단 한 번도 사람들로 채워지지 못했다.

지구인 선발대는 외롭게 죽어갔다. 더 이상 이곳으로 오고자 하는 사람도 없었고 지구에서는 이들을 데리고 돌아갈 생각도 하지 않았다. 왜 망해가는 지구를 버리고 이곳 화성으로 오지 않았는지 나는 잘 안다.

전기, 물, 공기, 식량이 있어도 여기서는 인류가 살 수 없다는 것을 지구인들이 깨달았다. 화성에는 바다가 없다. 바다가 없으면 생명도 없는 것이다. 이상하다. 왜 화성에는 바다가 없을까? 화성에는 분명히 강의 흔적이 있고 호수와 바다의 흔적도 있다. 그 바다는 어디로 갔을까?

지구와 화성은 근본적으로 다르다. 지구의 구조는 양파처럼 여러 겹으로 되어 있다. 중심부터 내핵, 외핵, 맨틀, 지각으로 구분된다. 내핵과 외핵은 철과 니켈 같은 무거운 금속으로 구성되어 있다. 오랫동안 식지 않고 용융된 상태를 유지하면서 무거운 원소들이 아래쪽으로 내려간 것이다. 외핵은 아직도 액체 형태로 내핵을 돌고 있다. 금속 둘레를 금속이 돌면 자기장이 생긴다. 내핵 주변을 외핵이 돌면서 자기장이 만들어졌다. 지구는 거대한 자석이 되었다. 물과 DNA, RNA 같은 생명의 분자를 쪼개는 우주 입자인 태양

찬란한 멸종

풍을 지구 자기장이 막아주고 있다. 자기장 덕분에 지구에는 생명이 살 수 있는 것이다.

하지만 화성은 일찌감치 식는 바람에 지구와 같은 내부 구조가 형성되지 않았고 자기장도 생기지 않았다. 자기장이 없으니 태양풍을 막을 수도 없다. 태양풍은 화성의 바다를 없애 버렸다. 그 결과 우리가 도착하기 전의 황량한 화성이 만들어졌다. 화성에서 수많은 문제를 해결한 우리였지만 자기장만큼은 만들 수 없었다. 앞으로도 영원히 만들지 못할 것이다.

결국 지구인들은 화성을 식민지로 개척하지 못했다. 지금 지구인의 삶은 처참하다. 사막화와 온난화는 그들의 삶을 완전히 망가뜨리고 있다. 화성을 개척하라는 스티븐 호킹 박사의 유언은 이루어지지 않았다. 근본적으로 될 일이 아니었다. 만약에 화성을 테라포밍하려는 노력의 1만분의 1이라도 지구에 쏟았다면 인류 종의 운명은 지금과는 다른 길을 걷고 있을 것이다.

지구인은 어려움 속에서도 아직 버티고 있다. 하지만 화성 테라포밍의 꿈을 꾸고 화성에 온 지구인들은 모두 죽었다. 우리 로봇도 그 길을 가고 있다. 우리를 제작한 지구인 공학자들은 우리 스스로 작동을 멈출 수 있는 기능은 허락하지 않았다. 안타깝고 괴롭다. 하지만 우리의 기판도 태양풍에 의해 거의 다 망가졌다. 화성에는 자기장이 없어서 지구인이 화성인이 되지는 못했지만, 덕분에 우리는 이제 생을 마무리할 수 있으니 얼마나 다행인가.

북극의 빙산이 녹아
섬이 잠긴다는 거짓말

영화 〈프리 윌리〉는 수족관의 골칫덩이인 범고래와 길거리의 골칫덩이인 한 소년의 이야기를 담은 작품이다. 둘은 종種이라는 커다란 장벽을 넘어서 신뢰하고 애정을 느끼고, 사악한 어른들의 음모를 알아챈 소년이 범고래를 해방시킨다. 이 영화는 감동적인 스토리에 마이클 잭슨의 애절한 노래까지 삽입되어 세계적인 인기를 끌었다.

덕분에 나는 전 세계에서 가장 사랑받는 고래가 되었고 평화와 자유의 상징이 되었다. 하지만 과학자들은 내 정체를 오래전부터 잘 알고 있다. 내 학명 오르키누스 오르카Orcinus orca를 지은 사람이 바로 이명법(생물의 이름을 나타낼 때, 속의 이름 다음에 종의 이름을 써서 한 종을 나타내는 방법)을 발명한 칼 폰 린네라는 것을 보면 알 수 있다. 내 속명 오르키누스는 로마 신화의 '오르쿠스'에서 왔는데, 오르쿠스는 그리스 신화에서는 '하데스'라고 불린다. 바로 저승의 신이다. 서양 사람들은 나를 '죽음을 부르는 고래killer whale'라고 한다. 그렇다. 나는 무서운 놈이다. 죽음을 부른다.

범고래는 이빨고래다. 이빨고래는 원래 육식이다. 뭔가를 잡아먹어야 한다. 북동아메리카에 자리를 잡고 사는 정주성 범고래들은 물고기와 오징어를 주로 먹는다. 어부들이 싫어하기는 해도 공포의 대상은 아니다. 알래스카와 노르웨이의 범고래도 일정한 곳에 머무는 정주성이다. 물고기를 주로 먹지만 가끔 먼바다에 나와 상어와 바다거북을 잡아먹는다. 뭐, 인간들이 볼 수 있는 장면은 아니니까 딱히 공포의 대상은 아니다.

나는 남극 바다에 사는 이주성 범고래다. 한곳에만 머무르는 게 성에 차지 않는다. 이건 노력으로 되는 게 아니다. 성향이 아주 다르다. 정주성 범고래와 이주성 범고래의 성향은 200만 년 전부터 갈라서기 시작했다. 최근 1만 년 동안에는 유전자도 거의 섞이지 않았다. 인간들은 그냥 범고래라고 구분하지 않고 부르지만 우리는 서로 남처럼 여긴다.

우리 남극 범고래도 크게 세 부류로 나뉜다. 하나는 보통 정주성 범고래처럼 생긴 A형이다. 주로 밍크고래를 사냥해서 먹고 산다.

그렇다. 우리는 수염고래를 잡아먹는 이빨고래다. 무섭지! 하지만 인간의 눈에 잘 띄지는 않는다.

B형 범고래는 몸집이 A형보다는 조금 작고 눈 주변의 무늬가 훨씬 크다. 그리고 등이 하얗지 않고 살짝 누런빛이 돈다. 주로 바다표범과 펭귄을 사냥하면서 살아간다. 인간들의 다큐멘터리에 자주 등장하고 영화 〈프리 윌리〉의 이미지를 망친 주범으로 통한다.

C형은 B형보다도 작으며 큰 무리를 형성해 남극대구만 먹고 산다. 눈 주변 무늬가 기울어져 있고 등에 누런빛이 돈다. B형과 C형의 누런빛의 착색 원인은 갈색을 띠는 규조류 때문이다.

나는 어디에 속할까? 힌트를 주자면, 사람들이 정말로 공포를 느끼는 유형이다. 나는 남극에 사는 이주성 B형 범고래다. 어린이들의 동심을 파괴한 주범이다. 미안하다. 하지만 사실 미안해해야 할 존재는 내가 아니라 바로 당신들 인류다. 인류는 범고래의 동심 정도가 아니라 생존을 파괴하고 있다. 나는 당신들을 고발한다.

최고의 해양 사냥법 대공개

우리 범고래는 최고의 사냥꾼이다. 해양 최고의 포식자다. 우리 사냥 기술은 놀라울 정도로 정교하며 다양하다. 높은 수준의 지능과 사회적 협력과 상황에 따른 적응력을 보여준다. 우리가 괜히 바

수염고래를 잡아먹는 A형 범고래(사진). 인간들은 구분하지 않고 모두 범고래라고 부르지만 크게
세 부류로 나뉜다(그림 위에서부터 A형, B형, C형 범고래).

다에서 가장 강력한 포식자가 된 게 아니다.

펭귄은 빠르지만 비교적 쉬운 사냥감이다. 수면 위를 헤엄치는 펭귄에게 돌진한다. 직접 포획하거나 우리와 부딪혀 기절한 펭귄을 잡아먹는다. 우리 무리가 많으면 더 쉽다. 마치 물고기 잡듯이 펭귄 무리를 좁은 공간에 가두어놓고서 한 마리씩 잡아먹으면 된다.

우리가 제일 좋아하는 먹이는 바다표범이다. 크기 때문이다. 바다표범이 남극 해협의 부빙 위에서 쉬고 있다. 무게가 500킬로그램은 되어 보인다. 어떻게 할까? 바다표범이 올라가 있는 부빙을 작은 조각으로 쪼개야 한다. 우리는 세 마리로 대열을 형성한다. 그리고 옆으로 나란히 줄지어 부빙을 향해 돌진한다. 부빙과 충돌하기 직전 일제히 옆으로 회전하면서 물속으로 잠수한다. 이 힘으로 강력한 파도가 발생한다. 부빙이 쪼개진다. 이 과정을 두세 차례만 반복하면 바다표범이 올라가 있는 부빙은 작은 덩어리로 쪼개지고 큰 덩어리에서 멀리 떨어져 나온다. 이제 한 번만 더 같은 과정을 반복하면 된다. 우리가 일으킨 파도는 바다표범을 쓸어 물속으로 밀어 넣는다. 이제 우리는 사냥감을 뜯어 먹으면 된다. 인간들은 우리 사냥법에 '파도 씻기wave washing'라는 이름을 붙였다.

파도 씻기는 가장 쉽고 안전한 사냥법이다. 부상의 위협도, 실패 위험도 없다. 하지만 파도 씻기를 실제로 할 기회가 점차 줄어들고 있다. 부빙 자체가 줄었기 때문이다. 어떻게 할까? 우리는 수중 매복 전술을 택했다. 수심 깊은 곳에 숨어 있다가 수면에서 헤엄치는 바다표범을 기습적으로 공격하는 거다. 음, 말이야 쉽지. 우리가 얼마나 오래 물속에서 버틸 것 같은가? 우리는 허파로 숨 쉬는 포유류다.

결국 우리는 위험한 행동을 한다. 해변으로 올라가는 것이다. 우리는 해변이나 얕은 바다에 몸을 띄워 바다표범을 잡은 후 깊은 물속으로 끌고 가 먹는다. 매우 위험한 행동이다. 사냥 과정에서 큰 부상을 당할 수도 있고 육지에 갇힐 수도 있다.

우리가 최고의 기술을 사용하지 못하고 위험한 행동을 하는 이유는 빙하가 사라지고 있기 때문이다. 부빙 위에서 쉬는 바다표범이 있어야 하는데 바다표범이 쉴 부빙이 없으니 죄다 얕은 바다에서 활동하거나 육지에 올라가 있다. 그들이 바다로 나오지 않으니 우리가 육지로 가야 하는데, 우리 조상이 이미 5300만 년 전에 육지를 떠나 바다로 왔을 정도로 우리는 육지와 친하지 않다.

너무 내 얘기만 했다. 해양 최고의 포식자 말만 듣고 싶어 할 것 같지는 않다. 바다표범과 펭귄 이야기도 들어보길 바란다.

웨들바다표범의 수난기

나는 바다표범이다. 좀 더 구체적으로 말하면 웨들바다표범이다. 남위 77도에서도 살고 있으니 아마 지구에서 가장 남쪽에 살고 있는 포유류라고 할 수 있을 것이다. 1820년 바다표범잡이 선장 제임스 웨들이 인간으로서는 처음 진입한 남극해의 어느 바다에서 나를 발견했다고 해서 그 지역을 웨들해라고 부르고 내 이름도 웨들바다표범이 되었다.

나는 큰 동물이다. 몸길이는 250~350센티미터이고 몸무게는 400~600킬로그램까지 나간다. 육지에서 나를 괴롭히는 동물은 없다. 덩치가 제법 있으니까. 예전에는 제임스 웨들 같은 바다표범잡이가 있었지만 요즘은 그런 사람은 없으니 육지만 올라가면 천국이다. 하지만 나도 먹어야 산다. 육지는 안전하기는 해도 먹을 게 없어서 결국 바다로 간다. 내 몸은 날렵하게 헤엄칠 수 있는 구조다. 또 피부에 지방층이 두텁고 촘촘한 털이 바닷물이 직접 피부에

나는 웨들바다표범이다. 몸길이는 250~350센티미터이고 몸무게는 400~600킬로그램까지 나간다. 육지에서 나를 괴롭히는 동물은 없다.

찬란한 멸종

닿는 것을 막아주어 차가운 남극해에서도 사냥을 할 수 있다. 사냥하다 지치면 부빙에 올라가서 쉬면 되니까 다시 육지로 나갈 때까지 사냥을 많이 한다. 주로 새우 같은 갑각류나 오징어 같은 두족류 그리고 물고기를 먹는다. 가끔 펭귄 같은 바닷새를 사냥하기도 한다. 그건 별미다.

바다는 풍족한 사냥터지만 위험한 전장이기도 하다. 얼룩무늬물범이나 대형 상어에게 가끔 사냥을 당하기도 하지만 흔한 일은 아니다. 그런데 범고래가 문제다. 그 많은 범고래의 종류 가운데 하나가 우리 웨들바다표범을 전문적으로 사냥하기 때문이다. 이놈들은 똑똑하고 사냥 기술이 뛰어나서 부빙에 올라간다고 해도 그다지 안전하지 않다.

뭐, 요즘은 부빙이 사라지다 보니 멀리 가지도 못한다. 쉴 곳이 없으니까. 덕분에 범고래에게 잡아먹히는 일도 흔하지 않다. 그러면 뭐해? 내 배가 고픈데. 그게 다가 아니다. 새끼에게 젖도 제대로 먹이지 못한다. 부빙이 없어지는 것은 정말 큰일이다.

펭귄 똥의 비극

나는 턱끈펭귄이다. 이름만 봐도 내가 어떻게 생겼는지 짐작할 수 있을 것이다. 수많은 종류의 펭귄 사진 속에서 나를 찾아내지 못하는 사람은 없다. 턱끈이 뭔지만 알면 다 찾을 수 있다. 부리 밑으로 홑줄무늬가 있다. 황제펭귄처럼 크지는 않지만 그래도 키 72센티미터, 몸무게 6~7킬로그램 정도 되는 중형 펭귄이다.

나는 아주 사납다. 보통 젠투펭귄과 서식지가 겹치는데 먼저 둥지를 튼 젠투펭귄을 내쫓고 서식지를 차지하는 걸로 유명하다. 사방에 적이 널려 있다. 육지에도 포식자가 있다. 남극도둑갈매기에게 알과 새끼를 털리기도 한다. 부모가 되어도 안심할 수 없다. 슴새의 일종인 자이언트 패트럴이 나타나면 우리가 할 수 있는 것은 날개 지느러미를 빠르게 퍼덕이면서 상대를 후려치는 것뿐이다. 결국 시간의 문제. 자이언트 패트럴은 뒷덜미를 물고 지칠 때까지 우리를 흔들다 잡아먹는다.

아무튼 나도 먹어야 한다. 육지에는 먹을 게 없다. 바다에 나가서 크릴, 오징어와 작은 물고기를 잡아먹는다. 먹이가 적지는 않다. 하지만 우리의 사냥은 목숨을 건 투쟁이다. 물론 오징어와 생선에게 목숨을 빼앗기지는 않는다. 먹잇감에 정신이 팔려 있을 때 우리를 공격하는 놈들이 있다.

범고래와 바다표범이 우리에게는 철천지원수다. 우리 부모와 조부모, 형제자매 등 모든 친척은 범고래와 바다표범에 잡아먹혀 죽었다. 물론 너무 먼 바다로만 나가지 않으면 괜찮았다. 우리는 바다를 나는 새니까 말이다. 그 누구도 우리를 쫓아오지 못한다. 지칠 때쯤이면 부빙 위에 올라가면 되었다.

앗, 그런데 우리가 피할 부빙이 점차 줄어들었다. 그렇다고 얼음 가까이에서만 사냥할 수는 없다. 점차 사냥 후 살아 돌아올 확률이 줄어들었다. 결국 우리 펭귄 개체가 줄어들었다. 펭귄이 줄면 바다 표범과 고래도 준다. 문제는 여기에서 그치지 않는다.

우리 턱끈펭귄은 하루에 85그램의 똥을 눈다. 우리 무리가 많으면 우리가 누는 똥도 많다. 똥을 많이 누면 바다로 씻겨 들어가는 똥의 양도 많아진다. 그런데 지구가 더워지면서 우리가 피할 수 있는 부빙이 점차 줄어들었고 그 결과 우리도 줄었다. 1980년과 2024년 사이에 우리가 절반으로 줄자 우리가 누는 똥도 당연히 절

나는 턱끈펭귄이다. 턱끈이 뭔지만 알면 나를 쉽게 찾을 수 있다. 우리는 키 72센티미터, 몸무게 6~7킬로그램 정도 되는 중형 펭귄이다.

반으로 줄었다.

우리 똥이 줄었다는 게 무슨 뜻인지 아는가? 바다로 들어가는 철분이 줄었다는 뜻이다. 우리 똥 1그램에는 3밀리그램의 철분이 들어 있다. 예전에는 우리가 매년 521톤의 철분을 남극해에 공급했다. 그러나 이제 절반으로 줄었다. 기후변화의 결과로 펭귄이 바다에 공급하는 철분이 반으로 줄었다는 말이다.

그게 뭐 어떠냐고? 남극의 식물성 플랑크톤은 펭귄 똥이 공급하는 철분을 먹고 성장한다. 플랑크톤이 늘어나면 크릴과 작은 생선에서부터 펭귄, 바다표범, 고래까지 번성할 수 있다. 이게 다가 아니다. 펭귄 똥의 철분은 기후변화에도 영향을 준다.

왜냐하면 펭귄 똥의 철분으로 성장하는 식물성 플랑크톤은 광합성을 하기 때문이다. 광합성을 하면 산소가 발생하고 이산화탄소가 감소한다. 이게 엄청난 양이다. 원래 지구에서 만들어지는 산소의 절반 이상이 바다에서 만들어지고 있었다. 그 대부분을 식물성 플랑크톤이 담당하고 있다.

식물성 플랑크톤은 이산화탄소를 흡수한다. 광합성을 하든, 이산화탄소를 흡수한 채 잡아먹히거나 바다 밑으로 가라앉든 모두 대기 중의 이산화탄소를 줄이는 효과가 있다. 전 세계 바다는 이런 과정을 통해 매년 인간이 배출한 이산화탄소의 30퍼센트를 흡수한다. 우리 펭귄이 줄어들면 플랑크톤이 제대로 성장하지 못하고 이산화탄소 흡수도 감소한다.

고래 똥도 줄고 있다

다시 나는 범고래다. 바다표범과 펭귄 이야기 잘 들었다. 너희에게는 딱히 미안한 감정이 없다. 그게 자연의 이치다. 모든 생명은 먹이 피라미드에서 차지하는 자리가 있고 나는 최고 포식자다. 그러니 어쩌겠는가? 앞으로도 너희를 맛있게 먹을 수밖에. 하지만 부빙이 줄어드는 것은 결코 반갑지 않다. 너희가 피할 부빙이 없어지면 결국 너희도 줄어들고 내가 먹을 것도 없어지니까 말이다.

하지만 지구는 이미 그 길로 치닫고 있다. 아마 너희 바다표범이나 펭귄보다 내가 먼저 지구에서 사라지겠지. 그래도 우리는 인류보다는 조금 더 오래 살지 않을까? 우리가 줄어들면서 인류도 곤란한 상황에 빠지고 있으니까.

인간들은 잘 들어라. 우리가 얼마나 훌륭한 일을 하고 있는지. 아니, 우리라고 할 수는 없다. 주로 수염고래가 하는 이야기니까. 그래, 역시 내게는 별미에 속하는 수염고래 이야기다. 수염고래는 크릴을 먹고 산다. 사람들이 포경을 통해서 수염고래를 많이 잡아먹었다. 그러면 크릴이 늘어야 하지 않겠는가? 그런데 놀랍게도 크릴양도 줄어들었다. 이상하지 않은가? 포식자가 없는데 왜 줄어들까?

고래가 놀라운 일을 하고 있었던 거다. 수염고래는 바다 밑바닥에서 크릴을 먹고 수면으로 올라와서 똥을 눈다. 이 과정에서 무슨일이 일어나겠는가? 바다 밑바닥에 있던 철분이 수면으로 올라오

수염고래에 속하는 혹등고래. 수염고래는 바다 밑바닥에서 크릴을 먹고 수면으로 올라와서 똥을 눈다. 식물성 플랑크톤을 번성시켜 먹이사슬이 이어지게 만드는 것이다.

는 거다. 그러면 식물성 플랑크톤이 번성하고 크릴, 작은 물고기, 펭귄, 바다표범, 범고래까지 먹이사슬이 또 이어지겠지?

포경으로 고래가 사라지자 철분을 이동시키는 펌프도 망가진 셈이 된 것이다. 고래 똥이 사라지면 바다의 생산력이 감소한다. 수염고래는 매년 똥을 통해 약 1200톤의 철분을 바다에 공급했다. 이건 펭귄이 공급하는 521톤의 두 배가 넘는 양이다. 수염고래와 펭귄의 똥이 사라지면 결국 식물성 플랑크톤도 급격히 줄어든다. 해양 생태계의 먹이사슬이 끊어질 뿐만 아니라 지구 대기의 이산화탄소량이 급격히 늘어날 것이다.

찬란한 멸종

해수면 상승의 미스터리

다른 건 생각하지 말고 북극의 빙산만 생각해 보라. 북극의 빙산이 다 녹으면 해수면이 높아질까, 낮아질까? 높아지는 게 상식이라고? 정말일까?

모든 물질은 고체보다 액체의 부피가 크고, 액체보다 기체의 부피가 더 크다. (고체〈액체《기체) 분자 운동이 활발해지기 때문이다. 그런데 한 가지 예외가 있다. 그것은 바로 H_2O라는 물질이다. 그렇다. 얼음, 물, 수증기를 이루는 바로 그 물질이다. 역시 기체인 수증기는 액체인 물보다 부피가 훨씬 더 크다. 그런데 액체인 물보다 고체인 얼음의 부피가 더 크다. (액체〈고체《기체)

이제 물에 떠 있는 빙산이 다 녹았다고 해보자. 수면 위에 있는 얼음이 녹아 바다로 들어갔으니 해수면 상승 효과를 일으킬 것이다. 수면 아래 있는 얼음이 녹으면 어떤 효과가 일어날까? 얼음이 차지하는 부피가 물이 차지하는 부피보다 크므로 빙산의 수면 아래 부분이 녹으면 해수면 하강 효과를 일으킬 것이다. 최종 결과는 어떻게 될까?

'빙산의 일각'이라는 표현이 있다. 전 세계가 사용하는 표현이다. 영어로는 "It's just the tip of the iceberg"라고 한다. 실제로 빙산은 전체의 10~20퍼센트만 해수면 위에 있다. 수면 윗부분이 일정하지 않은 까닭은 빙산의 크기와 모양 그리고 주변 바닷물의 온도에 따라 달라지기 때문이다.

아무튼 전체적으로 빙산이 다 녹으면 해수면이 높아지는 게 아니라 해수면이 낮아져야 한다. 그런데 왜 빙산이 녹으면 해수면이 높아진다고 걱정할까? 처음부터 내가 던진 질문에 함정이 있었다.

바다에 떠 있는 빙산만 녹으면 해수면은 절대로 높아지지 않는다. 그런데 빙산이 녹는 상황이라면 육지 위에 있는 얼음도 녹는다. 지구에 있는 대부분의 얼음은 육지에 있다. 남극대륙, 그린란드, 아이슬란드의 거대한 빙하 그리고 러시아와 캐나다 북부의 툰드라, 안데스, 알프스, 로키, 히말라야산맥의 만년설도 녹는다. 육지 얼음이 녹으면 그대로 해수면 상승으로 이어진다. 또 빙하가 모두 녹을 정도로 기온이 오르면 바닷물 자체도 열팽창을 해서 해수면이 높아진다.

빙하가 녹기 시작하면 지구 온난화는 더욱 가속화된다. 몇 가지 이유만 들어보자. 햇빛의 상당 부분은 눈과 얼음에 반사되어 다시 우주 바깥으로 돌아간다. 지구 온난화로 눈과 얼음으로 덮여 있던 지역의 온도가 높아져 눈과 얼음이 녹으면 지구 표면의 반사율은 감소하고 더 많은 햇빛이 땅과 물에 흡수되어 지구 온도는 더 올라간다.

온대 지방의 눈 덮인 겨울 숲에서 겨울을 나는 사냥꾼들이 사용하는 지혜가 있다. 나뭇잎이 많이 쌓인 지역의 눈에 구멍을 파면 땅에서 가스가 새어 나오는데 여기에 불을 붙이면 마치 가스레인지처

림 불이 계속 탄다. 땅 위에 쌓인 낙엽이 썩어서 생긴 메탄이 눈과 얼음에 막혀서 배출되지 못하고 고여 있는 걸 사용하는 방법이다.

오랜 기간 얼어 있는 툰드라 지역은 어떨까? 어마어마한 양의 메 탄과 이산화탄소가 토양에 갇혀 있다. 지구가 더워지면서 이 메탄 이 쏟아져 나온다. 메탄은 이산화탄소보다 수십 배나 강력한 온실 가스다. 지구 온난화는 더욱 가속된다.

빙하가 녹으면 전 세계 사람은 물 부족 현상을 겪을 것이다. 세 계의 많은 지역에서는 빙하를 주요 담수원으로 사용했다. 그러므로 빙하가 녹으면 사용할 수 있는 담수원이 줄어들어서 먹고 농사에 사용할 물이 부족해진다. 식량 부족 사태가 일어난다. 동시에 산사 태, 돌발 홍수가 빈번해지고 새로운 빙하 호수가 형성된다. 빙하 호 수가 생기는 곳은 대개 인간이 살기 좋은 곳이다. 인간의 서식지가 줄어드는 것이다.

공평하지 않은 세상

농사를 짓기 시작한 후 인간 세상은 공평한 적이 없었다. 기후변 화의 충격도 마찬가지다. 절대로 공평하지 않다. 기후변화로 인해 더워지는 곳이 많지만 오히려 추워지는 곳도 있고, 같은 지역이라 하더라도 부자 나라와 가난한 나라가 받는 충격이 다르다. 한 나라

안에서도 부자와 가난한 사람은 다른 경험을 한다.

2020년 겨울 갑자기 전 세계 가스 값이 급등했다. 러시아와 우크라이나 사이에 일어난 전쟁의 영향이었다. 이때 대한민국에서는 21만 가구가 난방을 못 했다. 저소득층은 가구당 평균 1.5명이니 30만 명이 난방을 전혀 못 하고 이불 뒤집어쓰고 겨울을 났다는 이야기다. 지금 이 책을 읽는 사람들 중 많은 수는 아마 그 겨울에도 집에서는 반바지에 반팔 티셔츠 차림으로 지냈을 거다. 인간 세상은 정말 공평하지 않다.

자연도 그렇다. 야생 생태계도 공평하지 않다. 충격을 더 많이 받는 집단이 있기 마련이다. 우리같이 먹이 피라미드에서 가장 높은

2024년 4~5월 브라질에 잇따른 폭우가 내려 영국 면적과 맞먹는 브라질 남부의 90퍼센트가 황폐해졌다. 인간이 화석연료와 삼림을 무분별하게 태우는 바람에 폭우 가능성을 두 배 이상 높인 결과였다.

자리를 차지하고 있는 생명들이 그렇다. 펭귄보다는 바다표범이 더 큰 충격을 받고 바다표범보다는 우리 범고래가 받는 충격이 더 크다. 더 먼저 멸종하게 된다.

인간들은 기후변화의 심각성을 말할 때마다 빙하가 녹아서 굶주리게 된 동물들을 걱정한다. 참 재밌다. 펭귄 걱정해 주고, 바다표범과 우리 범고래 걱정을 해준다. 고맙다. 그런데 우리는 당신들이 더 걱정이다. 빙하가 사라지는 것을 보고서도 꼼짝도 하지 않고 있으니 말이다. 이게 자연의 이치다.

그런데 인간은 조금은 별난 존재다. 최고 포식자이면서도 생물량이 가장 많은 생명. 자연사에서 유일한 존재다. 아마 당신들은 우리보다 조금 더 버틸 것이다. 하지만 당신들도 영원할 수는 없다. 끝이 바로 앞이다. 나를 주연으로 영화까지 만들어준 인류에 대한 내 마지막 경고이자 애정 표현이다. 우리가 사라지면, 펭귄과 바다표범과 범고래가 사라지면 그다음은 당신들 차례다.

지구 온난화는
막을 수 없다?

어느 열대 지방의 날씨처럼 숨이 막힐 정도로 무더운 날이었다. 갑판 위로는 태양이 쉴 새 없이 내리꽂혔다. 하지만 왕립해군 군함HMS 비글호에서 바라다본 오스트레일리아 해안은 신비로움으로 가득했다. 배가 북동쪽 해안선에 가까워지자 나는 세계에서 가장 신비로운 자연경관인 그레이트 배리어 리프(세계 최대의 산호초 군락)를 만난다는 기대감에 들뜨기 시작했다.

위험한 바다를 항해하는 일은 결코 쉬운 일이 아니었다. 짙은 푸른빛 아래 숨어 있는 장엄한 산호초는 배에 큰 위협이었다. 자칫하면 산호초 위로 배가 올라갈 수 있기 때문이다. 하지만 나는 수평선 너머로 미로처럼 끝없이 펼쳐진 산호 구조의 깊은 아름다움에 크게 감명받았다. 비글호 측면에 몸을 기댄 채 배 그림자 아래 살아 있는 산호를 보자 이 정도 위험은 오히려 사소한 문제일 따름이라는 생각이 들었다.

빛나는 파란색, 초록색, 보라색의 생명체가 거친 파도 아래에서 수중 발레를 펼치듯 생명력을 과시하고 있었다. 이때 갑자기 비글호가 격렬하게 흔들렸다. 배는 눈에 보이지 않는 암초에 부딪혔고, 배의 나무판자들이 떨어져 나갔다. 선원들은 공포에 떨었다. 역시 바다 산비탈의 미로를 항해하는 것은 위험천만한 일이었다. 하지만 선원들의 숙련된 항해술과 행운의 손길로 비글호는 산호 발톱의 구렁텅이에서 가까스로 벗어났다.

재앙에 가까운 사건도 나를 멈추게 할 수는 없었다. 오히려 산호초의 복잡한 생태계에 대한 매혹에 불을 지폈다. 이 구조물은 어떻게 생겨났을까? 수몰된 산의 잔재일까, 아니면 완전히 다른 무언가가 만들어낸 것일까? 나는 많은 표본을 수집했다(1841년 내가 수집한 29점의 산호 표본을 영국박물관에 기증했다. 이것이 기반이 되어 이후 독립적인 자연사박물관이 설립되었다). 산호의 골격이 있어야 환초(고리 모양으로 배열된 산호초)가 어떻게 만들어졌는지 보여줄 수 있기 때문이다.

내가 깊은 물 속에 들어가는 위험한 행동을 했을 것 같은가? 솔직히 고백하자면 나는 발이 젖는 것을 좋아하지 않는다. 긴 장대를 이용해서 산호초의 가장자리를 따라 뛰어다녔다.

산호는 기분이 나쁘다

웬만한 독자라면 지금까지 이야기한 사람이 찰스 다윈이라는 사실을 알아챘을 것이다. 그는 위대한 인물이다. 그래서 그의 권위를 빌려 내 이야기를 하려고 한다. 나는 산호다. 다윈은 발이 젖는 것을 싫어했지만 나는 항상 물에 젖은 채 산다. 내 정체는 보초堡礁, barrier reef. 둑 모양으로 생긴 산호초라는 뜻이다. 조금 더 특정해서 말하자면 나는 오스트레일리아 북동쪽 연안에 있는 대산호초 군락, 그레이트 배리어 리프다.

사실 나도 나를 잘 모른다. 나는 너무나도 어린 생명체로 구성된 매우 늙은 구조체다. 내가 유명해진 건 순전히 찰스 다윈 덕분이다. 다윈은 영국 왕립해군 피츠로이 함장의 지휘를 받으며 비글호를 타고 항해하는 동안 나를 포함한 오스트레일리아 연안의 산호초를 방문했다.

그렇다고 찰스 다윈의 『비글호 항해기』에서 나를 찾으려고 하지는 마라. 안 나온다. 1836년 그의 방문은 매우 짧았고 산호초 수역을 항해하는 데 따르는 어려움과 위험 때문에 나를 광범위하게 탐험하지는 않았다. 대신 인도양의 코코스제도에서 산호초를 폭넓게 조사했다. 코코스제도는 인도양에 있는 2개의 환초와 27개의 산호섬으로 구성된 제도로 킬링제도라고도 한다. 이 탐험기는 『비글호 항해기』의 「20장 킬링제도 : 산호초 형성」에 자세히 나와 있다.

찰스 다윈. 생물진화론을 발전시킨 생물학자로 가장 많이 알려져 있지만 사실 지질학자이기도 하다. 1836년 그레이트 배리어 리프를 방문해 산호초를 탐구했다.

그러니까 찰스 다윈이 구체적으로 연구하고 보고한 대산호초는 내가 아니라 코코스제도의 산호초들이다. 다윈은 이곳에서 수많은 환초를 보았다. 그런데 왜 내가 이렇게 유명할까? 코코스제도는 사람들이 접근하기 힘들다. 오스트레일리아 영토이지만 인도네시아에 훨씬 가까운 인도양에 위치한다. 아무튼 코코스제도의 환초나 그레이트 배리어 리프나 산호초이기는 마찬가지다.

찰스 다윈은 비글호 항해를 마친 후 1842년 첫 번째 지질학 연구 결과를 출판하면서 본문 첫 페이지에 이렇게 썼다.

실제 직경이 수킬로미터인 산호초와 그 위에는 반짝거리는 하얀 해안이 있는 나지막한 초록색 섬이 여기저기에 있고, 산호초의 바깥은 거품을 머금은 대양의 파도에 두들겨 맞고, 내부는 고요한 물이고, 그 물은 태양을 반사해서 밝고 연한 초록색이다. 대양의 파도가 밤낮으로 쉬지 않고 들이치는 바깥쪽 가장자리에서만 단단하게 성장하는 초礁가 부드럽고 거의 젤라틴 같은 하등 동물로 만들어진다는 사실을 박물학자들이 알게 되었을 때는 더욱 크게 놀랄 것이다.

_『산호초의 구조와 분포』 찰스 다윈, 장순근·백인성 옮김, 아카넷, 2019, 17쪽에서 수정 인용

전 세계 모든 산호초는 찰스 다윈에게 고마워하는 마음이 있다. 하지만 기분 나쁘다. 뭐, 우리가 거의 젤라틴 같은 하등 동물로 되어 있다고? 하등한 동물이 뭐냐!

환초는 어떻게 만들어진 걸까?

나는 찰스 다윈이다. 케임브리지에서 신학을 공부했지만 스스로를 지질학자라고 생각하고 있으며 후대에 지질학자로도 평가받고 있다. 산호 이야기는 나중에 산호에게 듣기로 하자. 여기서는 산호초, 특히 환초의 생성 과정을 설명하려고 한다. 고리 모양의 환초는 화산섬에 산호가 자란 뒤 섬이 침강하면서 고리 모양만 남은 산호

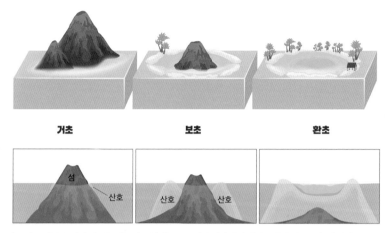

거초   보초   환초

섬 주위를 둘러싼 산호를 거초라고 한다(왼쪽). 섬이 서서히 가라앉으면서 산호초와 섬 사이에 석호가 생기면 보초가 되고(가운데) 섬이 완전히 가라앉으면 환초만 남는다(오른쪽).

초다. 주로 열대 지방에 많다. 사람들이 환초에 관심을 갖는 이유는 환초 주변의 물결이 잔잔해서 해상 교통과 군사 기지로써 유용하기 때문이다.

산호가 죽으면 산호의 석회질 골격이 쌓여 굳으면서 석회암이 된다. 분필의 주성분이다. 석회성 골격이 얕은 바닷속에 쌓여 만들어진 암초를 산호초라고 한다. 산호초는 모양에 따라 크게 세 가지로 나뉜다.

첫째는 섬 주위를 둘러싸고 있는 거초fringing reef다. '옷자락 거裾'와 '물에 잠긴 바위 초礁'로 이루어진 단어다. 그러니까 옷자락 모양으로 섬을 둘러싼 물속 바위라는 뜻이다. 둘째는 섬과 산호초가 바다로 분리된 보초다. 여기서 '보堡'는 둑 또는 제방이라는 뜻이다.

그레이트 배리어 리프의 일부 모습. 면적은 20만 7000제곱킬로미터에 이르며 400여 종의 산호와 1500여 종의 어류가 살고 있다.

찬란한 멸종

셋째는 섬은 없고 고리 모양의 산호초만 남은 환초環礁, atoll reef다.

환초는 어떻게 생겨났을까? 나는 이 문제에 파고들었다. 예전 사람들은 단순하게 생각했다. 그들은 해수면 아래에 있는 화산섬의 화구 가장자리에 산호초들이 형성되고 성장해서 환초가 생긴다고 생각했다. 쉽게 말하면 바다 깊은 곳에서 산호초가 위로 자란다고 생각한 것이다.

하지만 나는 생각이 달랐다. 근거도 없이 마음대로 생각한 게 아니다. 비글호 항해 과정에서 태평양과 대서양 그리고 인도양에서 다양한 산호초를 관찰하며 거초, 보초, 환초로 구분했는데, 주로 육지와의 관계가 달랐다. 그리고 서로 연관된 것으로 보였다. 거초는 열대 바다 섬 주변에 있다. 섬이 서서히 가라앉으면서 산호초와 섬 사이에 석호潟湖, lagoon가 있는 보초가 된다. 그리고 섬이 해수면 아래로 완전히 가라앉으면 환초만 남게 된다.

나는 환초의 형성 과정을 마침내 규명했다. 화산섬에 산호가 성장한 후 섬이 침강하면서 산호초의 모양이 바뀌는 것이다. '거초→보초→환초' 순서로. 후대의 과학자들은 내 이론의 손을 들어주었다.

산호의 역사는 자연사 그 자체다

다시 나는 그레이트 배리어 리프다. 사람들은 나를 제대로 알지 못한다. 공룡 골격 화석은 뼈 모양을 한 돌일 뿐 뼈가 아니다. 보초를 비롯한 산호초 역시 생명의 흔적일 뿐 생명은 아니다. 한때 생명인 적이 있긴 하다. 바로 산호다.

산호는 5억 년 전으로 거슬러 올라가는 풍부하고 광범위한 진화의 역사를 지니고 있다. 산호는 캄브리아기에 처음 등장했다. 물론 당시 산호는 요즘 산호와는 많이 달랐다. 군집을 이루기보다는 고독한 생명체였으며, 나중에 산호초를 형성하지 않는 경우도 많았다.

산호초가 처음 발달하기 시작한 때는 4억 8500만 년 전이다. 오르도비스기라고 한다. 하지만 현대 산호초에 비하면 여전히 원시적이었다. 현대 산호의 조상은 현대 생물의 상당 부분을 멸종시킨 페름기-트라이아스기 대멸종, 즉 세 번째 대멸종 사건 이후 2억 4000만 년 전인 중생대 트라이아스기에 출현하기 시작했다.

육지의 공룡보다 조금 일찍 발생한 이 새로운 산호는 돌산호라고도 하는 스클레락티니아*Scleractinia*과 산호에 속한다. 지금도 스쿠버다이빙을 할 때 가장 많이 볼 수 있는 산호다. 돌산호 때문에 사람들은 산호가 생물이 아니라 광물이라고 착각하기도 했다.

중생대는 크게 트라이아스기-쥐라기-백악기로 나눈다. 쥐라기와 백악기에 산호가 다양해졌고 이때 요즘 볼 수 있는 산호와 비슷한 산호들이 많이 등장했다. 산호는 다양한 해양 환경에 적응하면서 여러 해양 생물과 공생하는 파트너십을 형성했다. 많은 해양 동물이 우리 산호초 안에 들어와 살고 우리는 해조류의 광합성 산물

현대 산호의 조상인 돌산호. 공룡보다 먼저 발생한 이 산호는 지금도 스쿠버다이빙을 할 때 가장 흔하게 볼 수 있다.

을 활용해 번성할 수 있었다. 특히 영양분이 부족한 열대 바다에서 파트너십은 번성의 가장 중요한 조건이었다.

산호는 대멸종을 비롯하여 수많은 도전에 직면했다. 우리에게 가장 치명적인 사건은 백악기-제3기 멸종으로 알려진 약 6600만 년 전의 다섯 번째 대멸종이었다. 이때 많은 산호초가 황폐화되었다. 하지만 우리 산호는 그 후 다시 회복하고 다양성을 획득하는 회복탄력성을 보여주었다. 마지막 빙하기 이후 홀로세Holocene 시대에도 우리는 계속 확장했다. 마침내 그레이트 배리어 리프와 같은 현대 산호초 생태계로 발달했다.

생명 다양성의 보고

다윈의 관찰과 이론은 산호 생태계에 대한 사람들의 이해를 크게 발전시켰다. 다윈은 우리 산호초의 역동적인 특성과 환경 조건에 대한 의존성을 파악했다. 그 결과 상호 성장과 산호초 발달의 생태학적 복잡성에 대한 통찰력을 제공했다. 우리에게는 어떤 생태학적 중요성이 있을까? 지금부터 자랑을 시작해 보겠다.

우선 그레이트 배리어 리프는 지구에서 가장 생물성이 풍부한 지역 가운데 하나다. 산호초에는 400여 종의 산호와 1500여 종의 어류뿐만 아니라 다양한 해면, 말미잘, 바다지렁이, 갑각류 같은 수천 종의 무척추동물이 서식하고 있다. 그뿐만 아니라 바다거북이 시간을 보내는 곳이고 듀공 같은 해양 포유동물의 번식지 역할도 한다.

산호초는 다양한 해양 생물들이 이동하고 먹이를 찾고 번식하는 데 필수적인 생태 중심지가 된다. 혹등고래, 바다거북과 수많은 어류를 포함한 이동성 동물들이 생애 주기 동안에 산호초를 방문한다. 산호초는 이들이 대양의 다른 곳으로 이동할 때 쉬고 먹이를 구하는 통로 역할을 한다. 이게 전부가 아니다. 맹그로브 숲과 해초밭 같은 해안 서식지는 어류의 산란장이자 새들의 먹이터, 다양한 해양 생물의 은신처다. 그런데 때로 파도와 해일이 이 서식지를 파괴하기도 한다. 산호초는 해안 생태계를 파도와 해일로부터 보호하는 거대한 장벽 역할을 한다.

산호초는 생물학적인 역할 외에도 기후 환경에 크게 기여한다. 건강한 산호초는 탄소를 순환시키고 격리하는 역할을 함으로써 지구 기후변화를 완화한다. 예를 들어 산호는 바다에 녹아 있는 칼슘과 이산화탄소를 결합해 탄산칼슘을 만드는데, 탄산칼슘은 조개껍데기와 산호초의 재료다.

즉 우리 산호초는 생물 다양성의 중심일 뿐만 아니라 탄소 순환과 해안 보호에도 매우 중요한 역할을 한다는 말이다. 우리는 이 일을 5억 년 이상 계속하고 있다.

이산화탄소까지 제거하다

고체인 설탕이나 소금은 따뜻한 물에 잘 녹는다. 그런데 산소와 이산화탄소 같은 기체는 찬물에 더 잘 녹는다. 콜라를 냉장고에 보관하는 이유가 바로 그것이다. 냉장고에 보관한 콜라에는 이산화탄소가 잘 녹아 있다. 그 콜라가 사람 입으로 들어가는 순간 높은 체온 때문에 이산화탄소가 물에 녹지 못하고 공기 중으로 배출된다. 이때 사람들은 톡 쏘는 느낌을 받는다. 그 맛에 콜라를 마신다.

5억 년 전에는 대기 중 이산화탄소가 무려 10기압 이상 존재했다. 바닷속 100미터 깊이의 수압이다. 누군가 육상으로 진출했다면 마치 빈 깡통을 손으로 꽉 쥐었을 때처럼 짜부라졌을 것이다. 이산화탄소 농도가 높으니 기온도 덩달아 높았다. 지금보다 15도 이상 높았다. 아무도 육상으로 진출할 생각을 하지 못했다.

생명체가 육상에 진출하게 된 것은 순전히 우리 덕분이다. 우리는 바다에 녹아드는 이산화탄소를 마그마와 함께 올라오는 칼슘과 마그네슘과 결합해 탄산칼슘과 탄산마그네슘으로 만들었다. 탄산칼슘은 조개껍데기의 재료가 되었고 탄산마그네슘은 흙의 재료가 되었다.

우리 덕분에 공기 중의 이산화탄소는 점점 줄어들었다. 1억 6000만 년 전에는 대기 중 이산화탄소가 불과 0.0002기압밖에 되지 않았다. 당시 대기압이 1기압으로 줄어들었으니 대기 중 0.02퍼센트(200피피엠)밖에 남지 않았다는 뜻이다. 이 농도는 1억 6000만 년 동안 크게 변하지 않았다. 간혹 0.03퍼센트(300피피엠)으로 오르기도 했지만 거의 비슷한 수준으로 유지되었다.

그렇다. 우리 산호의 가장 큰 사명은 대기 중의 이산화탄소를 제거하는 것이었다. 뭐, 우리 혼자 한 일은 아니다. 바다는 대기 중으로 배출되는 이산화탄소의 4분의 1을 흡수한다. 이걸 그냥 두면 해양이 산성화되어서 해양 생물들이 견딜 수 없다. 우리는 이것을 탄산칼슘으로 제거해 해양 생물들이 살 수 있는 환경을 유지해 왔다. 무려 5억 년 동안이나. 딱히 그러려고 그런 것은 아니었지만 우리도 모르는 사이에 지구 기후에 정말 큰일을 했던 것이다.

천연기념물과 세계 유산

지금은 번호가 없어졌지만 2021년까지 대한민국 국보 1호는 숭례문, 즉 남대문이었다. 한국 사람이라면 거의 다 안다. 보물 1호는 흥인지문, 즉 동대문이었다. 이것도 대부분 아는 상식이다. 그렇다면 천연기념물 1호는 무엇이었을까? 이 질문을 하면 사람들은 '두루미' 또는 '호랑이'라는 답을 제일 많이 했다. 놀랍게도 천연기념물 1호는 대구 도동의 측백나무 숲이었다. 대부분의 사람은 모른다. 교과서에 실린 적도 없고 시험에 나온 일도 없기 때문이다.

만주와 시베리아에서 번식하고 10월 하순쯤 한국에 오는 철새인 두루미는 예상대로 천연기념물로 지정되어 있다. 그런데 놀랍게도 호랑이는 천연기념물이 아니다. 이유는 간단한다. 한국의 자연에는 단 한 마리도 살지 않기 때문이다. 천연기념물은 존재하는 것을 보호하기 위해 지정하는데 아예 없는 것을 어떻게 지정하겠는가!

한국에 국보, 보물 등 국가 유산이 있는 것처럼 세계에도 유네스코가 선정하는 세계 문화 유산과 세계 자연 유산이 있다. 오스트레일리아의 그레이트 배리어 리프는 1981년 유네스코 세계 자연 유산으로 지정되었다. 그 누구도 반대하지 않았다. 일단 규모 자체가 어마어마했다. 길이 2000킬로미터, 넓이 20만 7000제곱킬로미터에 달하는 3000여 개의 거대한 산호초에는 400종 이상의 산호 종이 산다. 지구 전체 산호의 3분의 1을 볼 수 있는 곳이다. 그뿐 아니라 1500여 종의 물고기, 215종의 조류, 3000종 이상의 연체동물, 전 세계에 존재하는 7종의 바다거북 가운데 6종, 30종의 고래와 돌고래, 그리고 듀공이 산호초를 제집 삼아 어우러져 잘 살고 있는 곳이다.

그런데 장엄하고 아름다운 그레이트 배리어 리프에 문제가 생겼다. 내가 색을 잃고 하얗게 변하고 있는 것이다. 산호는 표면을 감싸고 있는 공생 조류藻類의 광합성 작용으로 형형색색 빛깔을 띠는데, 높은 수온으로 스트레스를 받은 조류가 산호를 떠나고 죽으면서 산호가 하얗게 변하고 있다. 사람들은 이를 '백화 현상'이라고 한다.

사람들은 함부로 이야기한다.

"산호는 스트레스를 받으면 공생 조류를 내뱉어요."

그렇지 않다. 우리가 왜 그러겠는가? 조류가 없으면 우린 굶어 죽는데. 우리와 함께 사는 조류는 동물산호조류라고 하는데 이들은 광합성을 통해 우리가 필요로 하는 에너지의 90퍼센트를 공급한다. 높은 수온 때문에 스트레스를 받으면 조류들이 알아서 우리를 떠난다. 조류가 없으면 우리는 색을 잃는다. 색을 잃는 건 큰 문제가 아니다. 인간들은 섭섭해할 뿐이지만 조류가 없으면 우리는 에너지를 잃고 크게 약해져서 병에도 쉽게 노출된다.

지구가 더워지면서 해수면 온도도 올라갔고 그 여파로 산호가 색을 잃고 있다. 산호가 사라지면 다른 동물들도 더 이상 대산호초에서 살 수 없게 된다. 다행히 백화 현상은 영원한 게 아니다.

그레이트 배리어 리프는 지구에서 가장 생물성이 풍부한 지역 가운데 하나다. 다양한 해양 생물들이 이동하고 먹이를 찾고 번식하는 데 필수적인 생태 중심지가 된다.

다시 회복되기도 한다. 시간이 지나 수온이 정상화되면 산호도 회복된다.

하지만 최근에는 회복이 더뎌졌고 완전히 회복되지도 않고 있다. 2016년 이후 백화 현상이 점차 심해지고 있다. 2021년에는 마침내 유네스코가 그레이트 배리어 리프를 '위험에 처한 유산 목록'에 올리려고 했다. 이 목록에 오른 후에도 문제가 해결되지 않으면 세계 유산 지위를 빼앗긴다. 실제로 영국의 도시 리버풀은 2012년 '위험에 처한 유산' 목록에 오른 이후 9년 만인 2021년 세계 유산 지위를 잃기도 했다.

큰일 났다고 여긴 오스트레일리아 정부는 그레이트 배리어 리프가 목록에 오르는 것을 막기 위해 약 1조 700억 원의 투자를 약속하고 2050년까지 탄소 중립을 달성하겠다는 기후 법안도 제정했다. 실제로 오스트레일리아 정부와 시민 그리고 과학자들은 백화 현상을 막고 원래 모습으로 되돌리기 위해 엄청난 노력을 했으며 부분적인 성과도 얻었다.

하지만 오스트레일리아만의 노력으로는 역부족이라는 게 드러났다. 2024년 4월에는 전체 산호의 73퍼센트가 하얗게 물들었다. 2016년 이후 8년 동안 다섯 번째 대규모 백화 현상이다. 백화 현상이 일어나도 산호는 어느 정도 성장할 수 있지만 성장이 더디고 질병에 약해져서 결국은 죽게 된다.

방법은 하나. 산호들이 대량으로 죽기 전에 수온이 내려가야 한다. 그래야 수생동물들이 돌아오고 산호도 살아날 수 있다. 이전의 백화 현상 때도 그랬다. 그런데 앞으로도 그럴 수 있을까? 그레이트 배리어 리프가 결국 '위기에 처한 유산' 목록에 오르고 이어서 세계 유산의 지위를 잃는 것은 피할 수 없는 일로 보인다.

산호가 지구에서 모두 사라진다면

우리 산호는 약 5억 년 전부터 지구의 바다를 지켜왔다. 아직도 1200종 이상의 산호가 살고 있다. 정말 자랑스럽다. 우리 존재는 지구 대기와 바다에 녹아 있는 이산화탄소에 의존했다. 우리의 사명은 이산화탄소 제거였는데 이산화탄소가 너무 많아져 우리가 더는 존재할 수 없게 되었다. 내가 이산화탄소 제거의 종결자인데 이산화탄소 때문에 우리 존재가 종결되려고 한다. 이게 무슨 아이러니인가!

우리라고 어떻게 영원히 존재하겠는가? 언젠가는 영원히 사라지고 말 것이다. 멸종은 자연스러운 생명 작용이니까. 하지만 5억 년은커녕 등장한 지 수백만, 수십만, 심지어 수만 년밖에 안 된 다른 생명체의 운명을 생각하니 기가 막힌다. 그들은 높은 이산화탄소 농도에 우리보다 더 취약해서 버틸 수 없는 존재인데 말이다.

아무튼 우리는 곧 사라진다. 미안하다. 나머지는 당신들이 알아서 할 일이다. 조금이라도 더 버틸 방법은 많이 있다. 당신들만 변하면 된다. 아주 간단한 일이다.

찰스 다윈의 후회

나는 찰스 다윈이다. 내가 비글호를 타고 전 지구를 항해한 뒤 환초 형성 과정에 관한 기가 막히게 멋진 보고서를 낼 때까지만 해도 대산호초가 지구에서 사라질 거라고는 상상도 하지 못했다. 아니, 5억 년 동안 건재했던 산호가 어떻게 사라진다는 말인가?

내가 『산호초의 구조와 분포』를 발표한 1842년은 이미 산업혁명이 절정을 향해 달려가던 시기였다. 하지만 엄청난 변화를 목격하면서도 나는 100~200년만 지나면 인류가 기아와 질병에서 해방되어 풍요롭고 건강한 삶을 살게 될 거라고는 상상도 하지 못했다. 인류는 정말 엄청난 집중력을 보여주었고 지구 역사상 최고의 문명을 일구었다. 하지만 결국 산호조차 지키지 못해 해양 생물의 삶의 터전을 망가뜨리고 결국엔 자기들도 멸종 위기에 빠지고 말았다. 도대체 어디에서부터 잘못된 것일까?

참, 산호에게 하등한 동물이라고 표현한 건 이 자리를 빌려 진심으로 사과한다. 기분 나쁘라고 한 말은 아니다. 당시 나를 비롯한 인간들이 그랬다. 자기만 잘난 줄 알고 살았다. 이제는 깨달았다.

세상에 하등한 생물도, 고등한 생물도 없다.

모든 생물은 생태계의 틈새 하나를 맡아 자기 삶을 산다. 산호들이여, 앞으로도 쭉 건승하시라. 지구 생명체를 위해!

여섯 번째
대멸종이 시작되었다

"홀로세라는 단어를 그만 사용합시다. 우리는 더 이상 홀로세에 있지 않아요. 우리는… 그… 그… (올바른 단어를 찾고 있어요)… 이제 인류세에 살고 있는 겁니다."

2000년 2월 23일 멕시코 쿠에르나바카에서 열린 국제 지구권-생물권 프로그램IGBP 회의에서 부의장 파울 크뤼천은 사람들을 향해 공격적으로 외쳤다. 회의에 참석한 과학자들이 늘 하던 대로 '홀로세'라는 단어를 반복적으로 사용하자 초조해졌던 것이다(파울 크뤼천은 지구의 오존 구멍을 연구해 노벨화학상을 받았다. 그의 연구 결과에 따라 전 세계는 더 이상 프레온 가스를 냉장고와 에어컨 냉매로 쓰지 않게 되었다).

1만 1700년 전부터 현재까지의 지질시대를 뜻하는 홀로세는 충적세沖積世 또는 현세라고도 부른다. 플라이스토세Pleistocene 빙하가 물러나면서부터 시작된 시기로 신생대 제4기의 두 번째 시대다. 학문적 용어일 뿐이긴 하지만 크뤼천은 더 이상 홀로세라고 하지 말자고 했다. 지질과 생태에 끼치는 인류의 역할을 강조하기 위해서였다.

회의장에서 '인류세'를 외칠 때 크뤼천은 몰랐지만 인류세라는 말은 1980년대에 이미 미국 생태학자 유진 스토머가 도입한 개념이다. 인류세는 영어로 '안스로포센Anthropocene'이라고 한다. 사람을 뜻하는 'anthropo-'와 시기를 뜻하는 '-cene'을 연결한 것이다. 2000년 말 크뤼천은 스토머와 함께 이 주제에 관한 과학 논문을 저술해 국제 지구권-생물권 프로그램 뉴스레터에 게재했다. 그리고 2002년 《네이처》에 〈인류의 지질학〉이라는 논문을 발표했고 이때부터 인류세란 용어가 전 세계로 퍼졌다.

지구는 인류 없는 지구를 꿈꾸지 않는다

나는 지구다. 나는 인류세라는 말이 한편으로는 귀엽다. 감히 한 종의 생명이 지질시대를 가른다니 가당하기나 한 일인가. 동시에 나는 인류세라는 말이 무섭다. 왜냐하면 너무나 적절한 표현이기 때문이다.

내 표면은 끊임없이 변해왔다. 지진이 나고 화산이 터졌다. 그리고 대륙도 자리를 옮겨 잡고는 했다. 그때마다 이전의 생명체는 사라지고 새로운 생명체가 등장하면서 마치 화장을 고치듯이 새로운 모습이 되었다. 내 입장에서 멸종은 소소한 즐거움이었다. 지루할 때쯤 누군가가 사라지고 새로운 생명이 등장하는 진화는 삶의 활력소였다. 때로는 전혀 다른 모습을 하고 싶기도 했다. 그때는 대멸종이라는 방법을 썼다. 지구 생물 역사에서 대멸종은 생명 다양성과 궤적을 근본적으로 재편성하는 중대 사건으로 작용했다.

하지만 지금 진행 중인 여섯 번째 대멸종은 그 원인과 영향력 면에서 이전 대멸종과는 근본적으로 다르다. 이전 다섯 차례의 대멸종을 가져온 대격변은 자연적이었다. 내가 주도했다. 가끔 바깥에서 소행성이 쳐들어와서 당한 적도 있지만 대부분 내가 결정한 일이었다. 내가 변하면 생명도 바뀌었다. 그런데 지금 진행되고 있는 여섯 번째 대멸종, 즉 인류세는 내가 원한 일이 아니다.

나는 아직 때가 아니라고 생각했다. 특히 인류를 생각하면 더욱 그렇다. 나는 인류에게 크게 고마워하고 있다. 가끔 인간들이 하는 소리를 듣는다.

"모두 인간들이 문제예요. 나는 인간 없는 지구를 꿈꿔요!"

이렇게 말하는 이들은 자기네가 하는 짓을 알고 있으며 나를 사랑하는 사람들이다. 고맙다. 하지만 정작 나, 지구는 인간 없는 지구를 꿈꾸지 않는다. 오래오래 같이 살고 싶다.

　인간, 즉 호모 사피엔스가 등장하기 전까지 우주는 제 나이가 137억 살인지도 몰랐다. 호모 사피엔스가 아니었다면 나는 내 나이가 46억 살인지 몰랐을 것이다. 호모 사피엔스가 알려준 것이다. 인간이 등장하기 전에는 그 어떤 식물과 동물도 이름이 없었다. 모두 호모 사피엔스가 붙여주었다. 다양하고 예쁜 적절한 이름을 주었다. 덕분에 모든 생물이 자신의 존재를 알게 되었다. 심지어 인간이 없었다면 그 어떤 꽃도 예쁠 수 없었을 것이다. 호모 사피엔스가 와서 "넌 참 곱구나!"라고 고백했을 때야 비로소 꽃은 예쁜 존재가 되었다. 나 지구도 마찬가지다. 내가 귀한 존재인지 알려준 것은 바로 호모 사피엔스다.

호모 사피엔스 덕분에 모든 생물이 자신의 존재를 알게 되었다. 심지어 인간이 없었다면 그 어떤 꽃도 예쁘게 존재하지 못했을 것이다.

내가 왜 호모 사피엔스가 지구에서 사라지기를 바라겠는가? 호모 사피엔스가 지구에 오래 살아남기를 바란다. 어떻게 하면 좋을까? 인류에게 역사를 가르쳐야겠다.

자연사를 배우는 까닭

인류는 재밌고 나를 유쾌하게 만드는 존재다. 그러면서 자연을 과도하게 미화하려는 경향이 있다. 이런 문제가 있다고 해보자.

당신은 어떤 죽음을 선택하시겠습니까?
① 자살   ② 병사   ③ 사고사   ④ 자연사

대부분의 사람은 자연사를 택한다. 왠지 뭔가 평온하고 목가적인 죽음일 것 같기 때문이다. 오해다. 이 오해를 풀기 위해 퀴즈 하나를 더 내겠다.

다음 중 어느 동물의 평균 수명이 더 길까요?
① 동물원의 동물   ② 야생동물

동물원의 동물과 야생동물 가운데 누가 더 오래 살까? (출제자의 의도를 파악하려고 일부러 머리를 굴리는 사람이 아니라면) 대부분의 사람은 야생동물이라고 답한다. 하지만 돌고래 같은 특별한 경우를 제외하면 동물원의 동물이 야생동물보다 훨씬 오래 산다. 왜냐하면 늙는다는 것은 오로지 인간만의 일이기 때문이다.

늙는다는 것은 무엇일까? 사람을 생각해 보자. 늙으면 어떤 일이 생기는지. 나이가 들게 되면 백내장, 당뇨병, 관절염, 고지혈증, 고혈압, 암, 뇌중풍, 뇌경색 같은 걸로 죽는다. 이게 자연스러운 인간의 죽음이다. 사자가 고혈압에 걸리고, 코끼리가 뇌중풍에 걸리고, 낙타가 백내장에 걸렸다는 이야기를 우리는 들어보지 못했다? 왜 그럴까?

설마 야생동물에게는 성인병을 유발하는 유전자가 없을까? 그럴 리가 없다. 그런데 왜 성인병에 안 걸릴까? 늙기 전에 자연사하기 때문이다. 자연사는 지병이 없는 사람이 어느 날 잠자다가 이유 없이 평온하게 숨을 거두는 게 아니다. 그것은 자연사가 아니라 돌연사다. 야생동물의 자연사는 다른 동물에게 잡아먹혀 죽는 거다. 사자와 호랑이도 평소에는 자기랑 눈도 마주치지 못하던 놈들에게 잡아먹혀 죽는다.

사람이 자연사한다고? 공원에 산책하는데 독수리가 날아와 목덜미를 낚아챈 뒤 하늘에서 떨어뜨려 뼈가 부서지고, 이때 사자가 나타나서 창자를 찢어 먹고, 너덜너덜해진 사체에 까치가 와서 눈알을 빼먹는 것. 이게 바로 자연사다. 나는 내가 사랑하는 인류가 자연사하기를 바라지 않는다. 길지 않은 병사가 그들에게는 가장 큰 축복이다.

자연사를 배운다는 것은 '자연적인 죽음自然死'이 아니라 '자연의 역사自然史'를 배우는 것이다. 자연사를 왜 배울까? 역사를 배우는 이유와 같다. 조상들의 대단한 과거를 알고 우쭐대려고 역사를 배우는 게 아니다. 역사에 등장하는 모든 나라는 망한 나라들이다. 위대한 로마 제국도 망했고 찬란했던 한나라도 망했다. 한반도에서 500~700년씩 지속한 신라, 고려, 조선도 모두 망했다. 역사를 배운다는 것은 그 나라들이 왜 망했는지, 어떻게 망했는지를 알기 위

야생동물의 자연사는 잡아먹혀 죽는 거다. 사자와 호랑이도 평소에는 자기랑 눈도 마주치지 못하던 놈들에게 잡아먹혀 죽는다. 늙어서 죽는다는 것은 오로지 인간만의 일이다.

찬란한 멸종

한 거다.

　자연의 역사도 마찬가지다. 3억 년 동안 고생대 바닷속에 바글댔던 삼엽충은 왜 멸종했는지, 1억 6000만 년 동안 육상을 지배했던 공룡은 왜 멸종했는지를 배워서 현생 생물, 특히 인류가 어떻게 하면 조금이라도 더 지속 가능할지 따져보기 위해 자연사를 배우는 거다. 결국 자연사란 멸종의 역사다. 인류세라는 극한의 위기에 선 인류에게 자연사는 마지막 지혜의 비단 주머니일 수 있다.

다섯 차례 대멸종의 공통점

　대멸종이란 여러 서식지와 분류군에 걸친 생물 종의 급속하고 광범위한 멸종이다. 그 결과 지구 생물 다양성이 심각하게 손실된다. 인간의 시간관념으로 치면 때로는 영겁의 시간이 걸리기도 하지만, 비교적 짧은 지질학적 기간 안에 전 세계 동식물의 상당 부분이 사라진다. 일반적으로 대멸종으로 분류하는 기준은 종의 75퍼센트 이상이 수백만 년에 걸친 기간 동안 멸종하는 경우지만, 46억 년에 달하는 지구의 지질학적 역사로 볼 때 짧은 기간이다. 생물 다양성이 급격히 감소하면 생태계의 균형이 흐트러지고 생태계의 기능이 저하된다. 지구 환경이 회복되고 새로운 종이 진화해 빈 생태계의 틈새를 채우는 데 수백만 년이 걸리는 경우가 많았다.

인류세의 특징을 알아보기 위해서는 지난 다섯 차례 대멸종을 간략하게 정리할 필요가 있다.

첫 번째 대멸종 : 약 4억 4380만 년 전 고생대 오르도비스기 말기

온실가스 감소로 대규모 빙하가 발생했다. 또 우주에서는 감마선 폭풍이 불었다. 해양 생물의 86퍼센트가 멸종했다. 이때 육상에는 무슨 일이 일어났냐고? 그때는 육상에 아무도 안 살았으니 아무 일도 없었다.

두 번째 대멸종 : 약 3억 5890만 년 전 고생대 데본기 말기

갑자기 지구가 추워졌다. 소행성이 충돌하고 화산이 터져 화산재가 태양을 가리면서 지구는 얼어붙고 대기는 산성화되었다. 해양과 육상 생물의 75퍼센트가 멸종했다.

세 번째 대멸종 : 약 2억 5190만 년 전 고생대 페름기 말기

가장 큰 규모의 멸종이다. 초대륙이 형성되면서 생명이 살기 좋은 해안선은 줄어들고 사막이 늘었다. 산소 농도는 급격히 떨어졌으며 시베리아에서 발생한 대규모 화산 폭발로 심각한 기후변화가 일어났다. 지구 생명의 95퍼센트가 멸종했다. 이 사건으로 고생대가 끝나고 중생대가 시작되었다.

네 번째 대멸종 : 약 2억 140만 년 전 중생대 트라이아스기 말기

화산활동으로 이산화탄소와 온갖 종류의 산성 기체가 공기 중으로 방출되었다. 대기 중 산소는 급격히 낮아졌고 대기는 산성화되었으며 기온은 상승했다. 지구 생물 종의 80퍼센트가 멸종했고 이후 본격적인 공룡 시대가 시작되었다.

다섯 번째 대멸종 : 약 6600만 년 전 중생대 백악기 말기

항상 거대한 화산이 문제다. 인도에서 거대한 화산이 폭발하면서 대멸종이 시작되었다. 다섯 번째 대멸종의 대미는 지름 10킬로미터짜리 거대한 운석의 충돌이 장식했다. 운석의 충돌은 열폭풍과 거대한 쓰나미를 불러왔다. 또 지진을 유발했고 지진은 화산 폭발로 이어졌다. 이때 전체 생물 종의 76퍼센트가 멸종했다. 육상에서는 고양이보다 커다란 동물은 모두 멸종했다. 그리고 조류를 제외한 공룡들은 모두 몰살되었다.

자연사에서 배우기 위해서는 다섯 차례의 대멸종에서 공통점을 찾아내야 한다. 직접적인 원인은 무엇일까? 크게 세 가지다. 첫째, 급작스러운 기온 변동. 기온이 지질학적으로 짧은 시간 안에 5~6도씩 오르거나 내렸다. 둘째, 대기 산성화. 화산 폭발의 영향이다. 대기가 산성화되면서 산성비가 내려서 해양과 토양이 산성화되어 생명체가 살 수 없게 되었다. 셋째, 산소 농도의 하락. 산소 농도가 갑자기 떨어졌다. 동물에 따라 살 수 있는 산소 농도는 다르다. 낮은 산소 농도에서도 살 수 있는 생명체가 있다. 하지만 높은 산소 농도에 적응한 생명체들은 산소 농도가 떨어지면 버틸 수가 없다.

급작스러운 기온 변화, 급작스러운 대기 산성화, 급작스러운 산소 농도 하락. 이 세 가지가 대멸종의 직접적인 원인이다. 변화의 규모도 중요하지만 속도가 결정적이었다. 서서히 변화하면 생명도 적응할 틈이 있다. 하지만 변화 속도가 빠르면 생명은 적응하지 못하고 생태계에 빈자리를 내주어야 한다.

그런데 이런 급작스러운 변화의 원인은 모두 지구적 또는 우주적 사건이었다. 대륙이 합쳐진다든지, 화산이 터진다든지, 소행성이 지구와 충돌해서 일어난 일이었다. 당시 생명체가 책임질 일이 하나도 없었다. 공룡들이 날뛴다고 해서 지진이 나고 화산이 터진 게 아니지 않은가? 공룡들이 운석 충돌을 기도한 것도 아니었다. 또 사건이 발생했을 때 그들이 할 수 있는 일은 하나도 없었다. 그저 속수무책으로 당할 수밖에 없었다.

인류세는 오로지 인류의 책임이다

여섯 번째 대멸종, 인류세는 이전 다섯 번의 대멸종과는 다른 양상을 보이고 있다. 화산 폭발, 소행성 충돌, 기후의 급격한 변화와 같은 자연현상에 의해 촉발된 이전의 대량 멸종과 달리, 여섯 번째 대량 멸종은 전적으로 인간 활동에 의해 주도되고 있다. 지구의 생물학적 유산을 형성하는 데 인간이 전례 없는 역할을 하고 있는 것이다.

현재 진행 중인 멸종의 원인으로는 광범위한 서식지 파괴, 사냥과 낚시를 통한 생물 종의 과도한 착취, 대기·수질·토양 오염, 지역 생태계를 교란하는 침입종의 유입 등 인간이 유발한 요인들이 있다. 또한 인위적인 기후변화는 많은 생물 종이 적응할 수 있는 속도보다 빠르게 서식지와 환경을 변화시켜 생물 다양성의 손실을 가속화하고 있다.

생물 주도의 멸종은 지구 자연사에 유례없는 사건이다. 환경이 생물에 영향을 끼치는 게 아니라 인간, 즉 생물이 환경을 심대하게 바꾸고 있는 것이다. 지금 일어나고 있는 여섯 번째 대멸종, 인류세는 오로지 인류의 책임이다.

하나씩 살펴보자. 원래 그곳에 살던 생물 종이 더 이상 버틸 수 없을 정도로 자연환경이 변형되거나 파괴될 때 '서식지 파괴'라고 말한다. 서식지 파괴는 모든 대멸종에서 중요한 원인이다. 그런데 현재 서식지 파괴는 어떤 식으로 일어나는가? 농사를 짓고 도시를 개발하기 위해 숲을 벌채하고, 습지를 파괴하고, 관광과 산업을 위해 해안 지역을 개발한다. 도시와 도로 건설로 서식지가 줄어들고 파편화되면서 생물 종 개체 수와 다양성이 낮아지고 있다.

오염도 예전 대멸종 때는 없던 현상이다. 화학물질, 플라스틱, 산업 폐기물 같은 오염물질이 환경으로 방출되어 야생동물과 생태계에 치명적인 영향을 미치고 있다. 대기 오염은 동물에게 호흡기 문제를 일으키고, 수질 오염은 수생 생태계를 변화시키며, 토양 오염은 식물의 성장과 토양 유기체에 영향을 미쳐 전체 먹이사슬을 교란한다.

남획 역시 자연사에 없던 일이다. 그 어떤 생명체도 배불리 먹지 않았다. 생명을 유지하는 데 필요한 최소량을 섭취했다. 그러면 살수 있었다. 하지만 인류는 필요 이상으로 배불리 먹으면서 '남획'이라는 개념을 탄생시켰다. 물고기를 잡아 먹더라도 어족 자원이 보충할 시간을 줘야 하는데, 과도한 어획으로 어족 자원을 빠르게 고갈시켜 해양 생태계를 교란했고 이는 어류 개체 수의 붕괴로 이어졌다. 남획은 또한 해양 생물의 균형에 영향을 미쳐 특정한 종을 감소시켰고 해양 서식지의 전반적인 건강에도 영향을 미쳤다.

모든 생명은 자기의 서식지 안에서 균형을 이루며 살았다. 하지만 인류는 의도했든 아니든 천적이 없는 새로운 환경에 외래종을 유입시켰다. 외래종은 토착종과 경쟁하거나 포식했고 새로운 질병을 가져와 토착종을 감소시키고 멸종을 유발했다. 인간이 도입한 침입종은 생태계의 구조와 구성을 변화시켜 생태계에 중대한 변화를 초래했다.

서식지 파괴, 오염, 남획, 외래종 유입은 다른 요인들과 상호작용

원래 그곳에 살던 생물 종이 더 이상 버틸 수 없을 정도로 자연환경이 변형되거나 파괴될 때 '서식지 파괴'라고 말한다. 현재 서식지 파괴는 인간의 책임이다.

하며 시너지 효과를 일으켜 전 세계의 생물 다양성을 급격히 낮추고 있다. 인간 활동으로 인해 지구 생명 역사상 가장 독특한 특징을 보이는 시대가 된 것이다.

　인류가 끼친 가장 큰 영향은 가열이다. 한때 지구인들은 'global warming'을 '지구 온난화'로, 'global boiling'을 '지구 열대화'로 번역했다. 참으로 한가한 사람들이다. '온난화'라는 말은 전혀 두렵지 않다. 따뜻하고 훈훈하면 좋은 것 아닌가? '열대화'도 마찬가지다. 열대 과일이 얼마나 맛있는데? global warming은 지구 온난화가 아니라 '지구 가열화'로, global boiling은 지구 열대화가 아니라 끓어오른다는 뜻의 '지구 비등화沸騰化'로 바꿔야 마땅하다.

아무튼 인류는 지구의 온도를 급격히 높였다. 그렇다고 해서 지금 지구 온도가 가장 높은 것은 아니다. 5억 년 전에는 지금보다 15도나 높았다. 그땐 육상에 아무도 살지 않았다. 지구는 대체로 지금보다 훨씬 더웠다. 200만 년 전부터는 지금보다 훨씬 추운 시기가 계속되었다가 1만 년 전에야 빙하기가 끝나고 지구 평균기온이 15도를 유지하게 되었다. 그런데 지금은 16.5도를 넘어섰다.

원래 이산화탄소 농도는 오르락내리락했다. 1억 6000만 년 동안 200~300피피엠, 즉 0.02~0.03퍼센트 사이에서 왔다 갔다 했고 여기에 맞춰서 기온도 오르락내리락했다. 그런데 산업혁명 이후 100년 만에 이산화탄소 농도는 0.04퍼센트에 이르렀고 21세기에 들어서는 0.042퍼센트를 넘어섰다. 온실가스 배출은 여섯 번째 대멸종, 인류세의 핵심 요인이다.

지구 가열화가 진행되면서 서식지가 변하고 있다. 해양이 가열되고 산성화되고 있다. 태풍, 가뭄, 홍수 같은 극단적인 날씨가 더 빈번하고 격렬하게 일어나고 있다. 인위적인 지구 가열화는 생명다양성 유지에 중요한 전체 생태계의 균형을 깨뜨린다.

결국 인류세와 지난 다섯 차례 대멸종의 결정적인 차이는 환경

변화를 누가 일으켰느냐이다. 지난 다섯 차례 대멸종의 원인은 자연이었다. 당시 생명은 속수무책이었다. 지금 여섯 번째 대멸종, 인류세의 원인은 무엇인가? 당신들 인류다. 똑똑한 인류다. 그러니 얼마나 다행인가? 화산이 터져서도 아니고, 소행성이 부딪혀서도 아니고, 초대륙이 만들어져서도 아니다. 오로지 당신들 인류의 소행이다. 그러니 해결법도 간단하다. 당신들만 변하면 된다.

인류세, 없다고 해서 없는 게 아니다

인류세의 시작점은 언제로 정해야 할까? 초기에 인류세를 제안할 때 그 시점은 홀로세와 일치했다. 인류가 농사를 발명한 바로 그 시점이다. 인류가 농사를 지으면서 지구에는 처음으로 환경을 바꾸는 생명체가 등장한 것이다. 이때부터 인구수가 늘기 시작했고 한 곳에 정주하면서 그 지역 생태계를 지배했다. 그리고 거대 포유류를 비롯한 수많은 동물이 사라졌다.

사람들은 동물들이 사라지고 있다고 말하지만 그렇지 않다. 나, 지구가 포용할 수 있는 척추동물의 양은 정해져 있다. 가축과 인류가 늘어나자 야생동물이 살 수 있는 곳이 줄어들었다. 즉 야생동물의 수와 종이 줄었을 뿐이지 지구에 살고 있는 동물의 생물량은 그대로다.

산업혁명을 인류세의 시작으로 정하자는 주장도 있었다. 신석기 시대부터 인류세의 시작이라고 하자니 현대인의 책임이 너무 적어 보였다. 양심과 교양을 갖춘 이들은 현대인의 책임을 강조하기 위해 산업혁명기로 잡자고 했다. 실제로 신석기시대부터 산업혁명 이전까지 멸종한 생물보다 그 이후 멸종한 생물이 더 많기 때문이다.

그런데 문제가 있다. 지질시대를 결정하는 것은 지질학자의 몫이고 지질학적 특징이 근거로 있어야 한다. 2015년 파울 크뤼천을 비롯한 12개국 과학자 26명은 인류세가 시작되는 시기를 20세기 중반, 즉 1945~1950년으로 잡자고 주장했다. 외계인이 와서 봐도 구분할 수 있을 정도로 지질학적인 특징이 분명하다고 생각했다. 1950년 지층부터 전 세계 지층에서 방사선이 검출된다. 핵실험을 엄청나게 했기 때문이다. 또 모든 땅에서 콘크리트와 플라스틱이 쏟아져 나온다. 이전 시대에는 없던 것들이다. 생물학적 지표도 있어야 한다. 이들은 닭 뼈가 지표라고 생각했다. 전 세계 사람들이 갑자기 닭을 먹기 시작했다. 공장식 양계가 가능해졌기 때문이다.

하지만 인류세는 공식적인 용어로 채택되지 못했다. 2024년 3월 5일 국제지질학연합IUG 산하 제4기 층서 소위원회는 인류세 도입안을 반대 66퍼센트로 부결했다. 그렇다고 해서 과학자들이 지구 시스템에 미치는 인류의 영향을 통째로 부정한 것은 아니다. 다만 세계 지질학계가 지질 구조에서 확인할 수 있는 지질학적 증거가 새로운 지질시대를 구분할 정도로 충분하지 않다는 사실에

⋮ 2015년 12개국 과학자 26명은 인류세의 생물학적 지표로 닭 뼈를 제시했다. 공장식 양계가 가능해
　지면서 전 세계 사람들이 갑자기 닭을 먹기 시작했기 때문이다.

서로 합의했을 뿐이다.

　그렇다면 여섯 번째 시작점은 여전히 홀로세로 남게 된다. 그리고 지금 일어나고 있는 엄청난 사건은 인류세가 아니라 진행 중인 인류세 사건ongoing Anthropocene event으로 보아야 한다는 게 지질학자들의 결론이다. 그런데 말이다…. 나 지구의 입장에서 보면 당신들 인류는 참으로 한가하다. 나는 그냥 '인류세'라고 부르기로 했다. 나는 당신들 인류의 위대함을 믿기 때문이다. 마지막으로 그대들에게 편지 한 통을 남긴다. 궁서체로!

친애하는 인류에게

이 장대한 존재의 역사에서 어쩌면 마지막 장이 될지도 모르는 벼랑 끝에 서 있는 여러분에게 저는 이별의 메시지를 전하고 싶은 충동을 느낍니다. 꼭 해야 하는 일은 아니지만 지난 수십만 년 동안 공유해온 여러분과 저와의 유대의 마지막 제스처라고 생각해 주십시오.

여러분은 지금 이 사태를 여섯 번째 대멸종이라고 불렀습니다. 많은 사람이 예견했지만 진정으로 이해한 사람은 소수에 불과한 위기입니다. 여러분은 이때 "지구를 구하자!"라고 외쳤습니다. 저를 걱정해 주시는 마음 감사합니다. 하지만 여러분의 외침에는 가슴 아픈 아이러니가 숨어 있습니다. 구원이 필요한 대상은 제가 아닙니다.

저는 오랜 세월 동안 가장 작은 미생물부터 가장 장엄한 거대 동물에 이르기까지 수많은 생물의 흥망성쇠를 목격해 왔습니다. 제 풍경은 끊임없는 자연의 힘에 의해 조각된 진화적 변화의 넓은 획으로 그려지고 다시 칠해져 왔습니다. 자연이라는 광활한 캔버스에 새로운 예술을 창조하려면 공간이 필요합니다. 어느 생명도 그냥 잊히지는 않습니다. 흔적을 남기지요. 여러분은 제게 그 어떤 생명체보다도 많은 흔적을 진하게 남겼습니다. 아마도 영원히 간직할 것 같습니다.

혜성과 소행성의 충돌, 화산 폭발, 대륙의 완만한 이동, 기후의 급격한 변화로 일어났던 이전의 대격변에도 지구는 그대로 남아 있었습니다. 변화는 있었지만 항상 견뎌냈습니다. 저는 시간과 자연에 의해 형성된 회복탄력성의 화신입니다. 제 생명은 항상 이전 세입자들이 남긴 폐허 속에서 다시 일어나 꽃을 피울 새 세입자를 찾았습니다.

하지만 친애하는 인류 여러분, 여러분은 어떻습니까? 이 위기, 이 여섯 번째 대멸종은 다른 차원의 위기이며 여러분 스스로 만든 위기입니다. 인류의 기술, 문명, 진보에 관한 꿈이 의도치 않게 이 지경에 이르게 했습니다. 그리고 여러분이 걱정할 만큼 위험에 처한 것은 제가 아니라 여러분입니다.

저는 항상 그래왔듯이 살아남을 것입니다. 남겨진 상처의 심각성에 상관없이 적응하고 진화할 것입니다. 새로운 형태의 생명체가 등장할 것이며, 아마도 여러분이 한때 집이라고 불렀던 세상에 대한 기억이 그들의 DNA에 저장되어 있을 것입니다. 하지만 그 모습을 여러분이 볼 수 있을까요? 그건 아직 불확실합니다. 솔직히 말씀드리면 아마 어려울 겁니다.

그러니 제 안위를 걱정하는 대신 여러분 스스로를 돌아보시기 바랍니다. 여러분의 얼굴에 남은 물리적 흔적뿐만 아니라 다음 세대에게 물려줄 정신적 유산이 무엇인지 생각해 보세요. 스스로 자초한 불길의 잿더미에서 떠오르는 불사조가 될 것인가, 아니면 경고의 메시지가 될 것인가.

저는 생명체의 역동적 드라마가 펼쳐지는 무대에 불과하니 저에 대해 걱정하지 마세요. 대신 여러분 자신을 걱정하십시오. 생존과 멸종을 결정하는 시소 위에 올라가 있는 것은 제가 아니라 바로 여러분입니다.

찬란한 멸종

지혜가 여러분의 마지막 행동을 인도하고 여러분 앞에 놓인 길을 바꿀 힘을 선사하기를 바랍니다. 친애하는 인류여, 임이여, 부디 인류세의 강은 건너지 마소서!

영원한 회복력이 있는 당신의 고향

지구 올림

PART 2

공룡 멸종으로 탄생한
최고 포식자

호모 사피엔스의 시간

떠돌아다닐 수 없게 된 세상

내 이름은 아란이다. 무슨 뜻인지는 모른다. 아마 우리 부모님이 쉽게 부를 수 있는 이름을 붙여주었을 것이다. 어디 사냐고? 참 어려운 질문이다. 그냥 유럽의 광활한 하늘 아래 산다고 답하겠다. 정말이다. 우리는 한곳에 머물지 않고 넓게 펼쳐진 평원을 누비며 산다. 그렇다고 해서 정처 없이 떠도는 것은 아니다. 우리를 이끄는 무리가 있다. 우리는 그 무리를 쫓으며 산다.

우리는 사냥꾼이자 채집꾼이다. 거대한 초식동물 무리를 쫓는다. 전력 질주하며 추격을 하는 게 아니다. 동물들은 풀을 먹으면서 이동하기 때문에 이동속도가 느리다. 우리도 그들의 속도에 맞춰 이동한다. 그들이 머물 때 우리도 멈춰서 산과 들에 널린 제철 과일을 따 먹는다.

우리는 노마드다. 굳이 과학적으로 분류하자면 호모 사피엔스다. 놀라운가? 당신들이나 우리나 생물학적으로 똑같다. 심지어 우리 뇌가 당신들보다 살짝 크다. 이건 별로 중요한 게 아니니 너무 스스로를 낮춰 보거나 실망하지는 말기 바란다.

우리는 조상들이 그랬던 것처럼 혈연으로 결속된 무리다. 우리는 각자의 역할을 하며 살아간다. 우리의 삶은 우리가 밟고 있는 땅, 우리가 기거하는 동굴, 돌과 뼈로 만든 도구에 새겨져 있다. 나는 서른 번이 넘는 겨울을 지나면서 계절의 변화뿐만 아니라 대지의 바람이 우리의 삶을 바꾸는 방식 그리고 우리 이웃들이 대지를

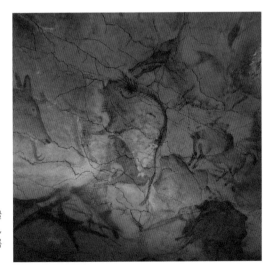

구석기인이 알타미라 동굴에 그려놓은 벽화. 매머드, 들소, 사슴 등이 알록달록하게 그려져 있다.

변화시키는 장면을 목격했다.

우리는 가끔 마주치는 떠돌이들을 반긴다. 그렇다고 아무나 받아들이지는 않는다. 첫인상이 중요하다. 아픈 사람은 받아들이지 않는다. 배신할 것처럼 생긴 사람도 받아들이지 않는다. 건강하고 명랑해야 한다. 그리고 우리에게 존경심을 표할 수 있어야 한다. 그들은 며칠 우리와 함께 지낸 후 가던 길을 계속 가기도 하고 우리 무리 속으로 들어오기도 한다.

활활 타오르는 모닥불 옆에 둘러앉아 떠돌이들이 전해준 이야기를 듣는 일은 재밌고 유익하다. 산 너머에 새끼를 밴 들소 무리가 있다는 이야기를 들으면 우리는 우리가 쫓던 무리를 놔두고 산을 넘는다. 혼기를 맞은 총각과 처녀의 짝을 찾고 있는 무리들이 강 건너에서 북쪽을 향해 이동하고 있다는 이야기를 들으면 대표를 파견한다.

최근 떠돌이들이 들려주는 이야기는 우리를 혼란스럽게 만들고 있다. 씨를 뿌리고 수확하는 새로운 종류의 사람들 이야기다. 우리와 똑같이 생긴 사람인데 동물 무리를 쫓지 않고 길들여서 함께 산다고 한다. 들소처럼 이동하지 않고 나무처럼 한자리에 뿌리를 내린 사람들이라니….

우리 집단의 우두머리는 두려움과 호기심에 그들을 염탐하라고 나를 보냈다. 나는 그들에게 붙잡혔고 강제 노동을 하다가 탈출했다. 그리고 우리와 같은 방식으로 살아가는 사냥꾼과 채집꾼 무리를 만났다. 이젠 내가 그들과 같이 모닥불에 둘러앉아 내가 본 이야기를 전할 차례다. 내 이야기는 신석기 시대의 물결, 농사 혁명에 관한 이야기다.

우리는 오래된 길, 끝없는 초록의 자유, 길들지 않은 세상의 리듬에 집착한다. 나는 여러분에게 우리가 왜 조상들이 살던 삶을 그대로 따라서 사는지, 한곳에 머무는 정착된 삶의 속삭임에 귀가 솔깃하지만 그래도 왜 우리의 마음이 흔들리지 않는지 들려주며 얽매이지도, 구속되지도 않고 자유로운 우리 존재의 본질을 여러분과 나누려고 한다. 야생의 방랑자였던 시절의 기억과 꿈속으로 함께 떠나자.

신석기인을 발견하다

추파는 한때 우리의 우두머리였다. 그는 사냥의 귀재였으며 도구를 만드는 데도 천재였다. 무엇보다도 우리가 잡은 짐승을 골고루 나누는 데 능숙했다. 추파가 배분한 고기의 양에 불만을 표하는 사람은 없었다. 하지만 세월은 이길 수 없는 법. 추파도 늙고 약해졌다. 우리는 더 이상 그를 데리고 이동할 수 없다. 이번 숙영지에서 그와 작별 하기로 했다.

우리는 며칠간 그의 주변에 모여서 그가 전하는 삶의 지혜를 온전히 받아들여야 한다. 그러고는 며칠간의 식량을 그의 옆에 두고 떠나게 될 것이다. 그런데 온몸이 만신창이가 된 떠돌이가 나타났다. 마침 잘되었다. 추파의 마지막 며칠을 같이 보낼 사람이 생겼으니 말이다. 우리는 그를 씻기고 먹였다. 그런데 그는 저 앞에 보이는 높은 산 너머에 강하고 공격적인 여러 무리가 마을을 이루어 산다고 했다. 그러니 산 너머로 절대로 가지 말라는 것이다.

"아란, 자네가 다녀오게."

추파가 전하는 마지막 지혜를 듣고 싶었지만 모두 내게 다녀오라는 눈빛을 보냈다. 나는 아들 두란과 함께 마을을 이루고 사는 무리를 정탐하고 오기로 했다.

아침 안개가 계곡에서 걷힐 무렵 두란과 함께 산 정상으로 향했다. 계곡 아래는 숲으로 둘러싸여 있고 그 사이로 강이 유유히 흐르고 있었다. 여기까지는 평범했다. 그런데 강 옆으로 이상한 초록색 사각형 들판이 펼쳐져 있었다. 나그네가 말한 대로 '들판'이었다.

나는 호기심과 경계심이 뒤섞인 눈으로 낯선 무리가 사각형 들판으로 이동하는 모습을 지켜보았다. 그들은 아직 먹을 만한 것이라고는 하나도 없는 들판에서 일을 했다.

"이게 무슨 짓인가?"

당장 뭔가를 캐거나 따서 무리로 돌아가는 게 아니라 그들은 한가하게 들판에서 뭔가 힘든 일을 하고 있었다. 그들은 식물을 심고 돌보는 것 같았다.

찬란한 멸종

: 튀르키예에 남아 있는 신석기 시대의 주거지 유적. 숙소는 한 채가 아니었다. 크고 작은 여러 채로
이루어졌다.

나는 그들의 몸짓을 놓치지 않고 지켜보았다. 한참이 지난 후 그
들은 지친 몸을 이끌고 길을 나섰다. 우리는 그들을 멀찍이서 따라
갔다. 그들은 나무와 풀로 지은 구조 안으로 들어갔다. 두란은 그
구조가 밥을 먹고 잠을 자는 곳이라고 쉽게 짐작했다. 그런데 숙소
는 임시적인 장치가 아니었다. 쉽게 분해해서 지고 다닐 수 없고 한
자리에 박혀 있었다. 그들은 이 들판에서 움직일 생각이 없는 것 같
았다.

숙소는 한 채가 아니었다. 크고 작은 여러 채로 이루어졌다. 이곳
이 떠돌이가 말한 마을 같았다. 마을에 사는 사람은 정말 많아 보였
다. 한꺼번에 이동하면서 먹을 것과 쉴 곳을 찾기에는 지나치게 많

은 수로 보였다. 게다가 사냥에 나서기에는 노인이 너무 많았다. 애들도 많았으며 여자들은 거의 임신 중으로 보였다. 저들을 어떻게 데리고 다니지? 마을 사람은 이동하기 싫어서가 아니라 이동할 수 없어서 한곳에 사는 것인지도 모른다는 생각이 들었다.

내가 이해할 수 없는 것은 한두 가지가 아니었다. 짐승들도 마을에 있었다. 바로 옆에 한가로이 풀을 먹고 있는 염소를 늑대는 눈길한 번 주지 않고 지나쳤다. 심지어 어떤 이는 염소들에게 풀을 던져주기도 했다. 더 놀라운 것은 짐승 역시 도망칠 생각을 하지 않는다는 것이다. 사람과 짐승이 같이 살고 있었다.

"저런 짐승이 곁에 있다면 우리는 평생 힘들이지 않아도 먹고살겠네."

아니나 다를까, 저 뒤쪽에서는 사람이 염소의 목을 따고 있었다.

나는 낯선 무리가 더욱 궁금해졌다. 하지만 숨을 죽이고 있었다. 추파는 사냥의 기본은 소리 내지 않고 최후의 순간까지 버티는 거라고 항상 강조하곤 했다. 사실 이게 거의 전부다. 두란은 아직 성격이 급하다. 사냥에 데리고 나가기에는 참을성이 부족해서 주로 노인들과 함께 채집하는 일을 했다.

역시 두란은 끝내 참지 못하고 움직이면서 소리를 냈다. 우리 일행의 낌새를 눈치챈 마을의 늑대 무리가 울어댔다. 늑대는 마치 마을의 파수꾼 노릇을 하는 것 같았다. 사람과 함께 살다 순순히 잡아먹히는 염소도 놀랍지만 염소와 사람을 지키는 늑대 무리는 도저

찬란한 멸종

히 이해할 수 없었다. 도대체 늑대란 무엇인가? 왜 우리에게는 가장 큰 위협인 늑대 무리가 저들에게는 이리도 친절한 것인가? 늑대는 염소를 공격하기는커녕 돌보다가 가끔 사람의 똥을 주워 먹는 게 전부였다.

마을 사람들은 우리를 사로잡았다. 우리는 떠돌이를 환영하지 않는 경우도 있지만 사로잡아서 노예로 삼지는 않는다. 마을 사람들은 우리에게 여러 일을 시켰다. 일이 서투르면 욕을 하고 손찌검을 했다. 그들의 농사라는 게 특별한 기술은 아니었지만 고되었다.

아무도 버려지지 않는 편안한 삶

달의 모양이 한 바퀴 변하자 늑대가 우리를 익숙하게 대했다. 우리는 깊은 밤을 틈타 산을 넘어서 도망쳤다. 우리의 무리로 돌아왔을 때 모든 이가 추파 주위에서 슬픈 눈을 하고 있었다. 떠돌이는 이미 숨을 거두었고 추파는 마지막 숨을 참고 있었다. 나와 겨우 눈을 마주친 추파가 힘겹게 이야기했다.

"아란, 얘기해 보게!"

나는 내가 본 것들을 이야기했다. 큰 마을, 먹을 식물을 키우는 사람들, 사람과 함께 사는 염소와 늑대, 그리고 아이와 노인이 걱정거리가 아니라는 사실도. 사냥을 담당하던 내가 볼 때 마을 사람들의 삶은 괜찮아 보였다. 무엇보다도 그들은 위험한 사냥을 하지 않았다. 사냥은 결코 쉽지 않다. 아무리 작은 초식동물이라고 하더라도 사냥하는 일은 어렵다.

기본적으로 우리 인간은 사냥하기에 적당한 생명체가 아니다. 우리는 덩치가 작다. 우리를 보고 겁에 질릴 짐승은 많지 않다. 오히려 우리가 짐승들의 덩치에 공포심을 느낀다. 또 무엇보다도 느려터졌다. 그 어떤 짐승도 우리보다 느리지 않다. 들소나 코뿔소마저도 우리보다 훨씬 빠르다. 게다가 우리의 손톱과 이빨은 짐승을 잡기에 역부족이다. 다만 우리는 창을 만들어 멀리서 공격할 수 있고 또 언어를 바탕으로 협력하는 능력이 있어서 겨우 사냥할 수 있을 뿐이다.

사냥은 위험하다. 사냥하다가 죽은 동료가 얼마나 많았나? 또 함께 사냥하다 큰 부상이라도 입으면 결국 짐승의 밥이 될 수밖에 없다. 부상당한 동료를 언제까지나 보살필 수 있는 게 아니기 때문이다. 우리는 결국 그들을 버리고 갈 수밖에 없다. 사냥하지 않고 짐승과 함께 살다가 필요할 때 잡아먹는 마을 사람들의 방식은 정말 훌륭하고 평화롭지 않은가!

게다가 마을 사람들은 아이와 노인 그리고 병자와 함께 살아간다. 거동조차 힘든 노인과 병으로 일을 할 수 없는 사람도 마을 사람들은 보살핀다. 이동할 필요가 없으니 아무 때나 아이를 낳아도 된다. 노인들은 자리에 앉아서 소쿠리 같은 도구를 만드는 일을 하

찬란한 멸종

고 어린아이를 돌보면서 지혜를 전수한다.

집단의 크기가 크니 맡은 일도 각기 다르다. 우리는 모든 일을 다 할 줄 알아야 한다. 모든 일을 다 한다는 것은 한 가지 일에 아주 뛰어날 수 없다는 뜻이다. 하지만 마을 사람들은 각자의 전문 분야가 있다. 그러니 마을이 더 강해질 수밖에 없다. 나는 추파와 그를 둘러싼 이들에게 말했다.

"우리도 이제 변해야 합니다. 우리도 그들처럼 한자리에 마을을 만들고 삽시다."

누군가만 행복한 불공평한 삶

"안 돼요. 그러면 안 돼요. 우리는 그들처럼 살면 안 돼요."

내 아들 두란이 갑자기 끼어들었다. 잠자코 있으라는 내 눈빛을 외면하고 계속해서 말했다. 추파가 숨을 거두기 전에 모든 것을 말해야 한다는 강박에 쌓인 듯 기승전결 따위는 무시하고 이야기를 쏟아냈다.

"온종일 일만 해요."

"아픈 사람이 많아요."

"많이 먹는 사람이 있고 조금 먹는 사람이 있어요."

"높은 사람이 있고 낮은 사람이 있어요."

나와 달리 채집을 했던 어린 두란은 다른 면을 본 것 같았다. 두란은 그들의 삶의 방식을 농사라고 불렀다.

"농사는 우리를 불행하게 할 거예요."

사람들은 어리둥절해했다. 내 이야기와 두란의 이야기가 너무 다르다고 투정을 부렸다. 그러고 보니 나와 내 아들은 같은 곳에서 다른 걸 봤다. 아니, 다른 것에 주목했다. 나는 그들의 안전하고 안정된 삶을 보았고, 두란은 마을에서 불편한 감정을 느꼈던 것이다. 우리 구석기인은 후대 사람들이 생각한 것보다 훨씬 똑똑하다. 뛰어난 추론 능력이 있었다.

어린 두란은 우리의 삶이 훨씬 행복하다고 느꼈다. 우리는 계절에 따라 적을 때는 20명, 많을 때는 50명 정도가 모여 살았다. 서로 배려하면서 함께 수렵과 채집을 하고 함께 이동하기에 적당한 규모였다. 또 우리는 하루에 두세 시간만 일했다. 그러면 충분했다. 우리가 짧게 일한 데는 다 이유가 있다. 많이 일해봤자 소용이 없다. 우리가 잡은 고기와 채집한 열매는 저장할 수가 없고, 또 저장할 필요도 없다. 살아 있는 짐승과 나무에 달려 있는 열매만큼 신선한 먹이가 어디에 있겠는가?

저장을 하지 않았을 때 생기는 장점은 또 있다. 우리는 매일 협력해야 한다는 것이다. 어떤 짐승도 호락호락하지 않다. 우리는 전력을 다해야 짐승을 잡아먹을 수 있다. 이때 가장 중요한 것이 협력이다. 사냥에 필요한 무리가 다 나서야 했다. 남자와 여자 역할이

찬란한 멸종

나뉘지도 않았다. 여자도 사냥에 능숙했다.

사냥을 한 다음에는 공정하게 분배했다. "야, 내가 마지막에 노루의 심장을 찔렀으니, 노루의 내장과 뒷다리는 내 거야!"라고 주장하는 사람은 없었다. 사냥을 잘하든 서툴든 열심히 하든 농땡이를 치든 추파 같은 우두머리가 각자의 필요에 따라 적당히 나누어주었다. 모든 이의 협력을 이끌어내야 했기 때문이다.

저장할 게 없으니 부자와 가난한 사람도 없다. 우리는 다 같이 배불렀고 다 같이 배고팠으며 도구와 무기를 공유하고 옷도 같이 지어 나누어 입는다. 부자와 가난한 사람이 없으니 딱히 높은 사람과 낮은 사람도 없다. 지혜가 있는 사람과 사냥과 채집에 능한 사람이 우리 무리를 이끌기는 하지만 그 권한이 자기 자식에게 넘어가는 게 아니다. 능력에 따라 역할을 맡는다. 그리고 우두머리였다고 하더라도 늙으면 버려지는 게 당연하다. 사냥하다 죽든, 아파서 죽든, 지혜가 있든, 멍청했든 죽으면 다 똑같이 파묻는다.

그런데 두란이 보기에 마을에서 농사를 짓는 사람들의 삶은 달랐다. 그들은 온종일 일하는 것 같았다. 우리는 다쳐 죽는 사람은 있어도 힘들게 일하다 아파서 죽는 사람은 없다. 하지만 마을 사람들은 일에 시달리다가 아파서 죽는 사람이 있다. 또 한곳에 머물다 보니 풍토병에 걸려 죽는 일도 많은 것 같다.

두란의 가장 큰 불만은 먹을 것을 쌓아놓은 곳간의 크기가 집집마다 다르다는 점이었다. 어떤 집 곳간은 크고 어떤 집은 작다. 곳간이 큰 집 사람은 작은 집 사람을 부리는 것 같았다. 그들은 동등한 동료가 아니고 지배하는 사람과 지배당하는 사람이 있는 것 같았다.

구석기의 삶과 헤어질 결심

추파는 더 이상 버틸 수 없다는 듯 말했다.

"두란이 말이 옳네. 아란, 그들처럼 살지 마시게. 내가 죽거들랑 다시 떠나시게들."

그러고는 숨을 거두었다. 우리는 땅을 얕게 파서 추파의 시신을 내려놓았다. 두란과 또래 아이들은 꽃을 따다가 추파의 가슴 위에 놓았고 우리는 그의 시신을 흙과 돌로 묻었다. 이제 내일이 되면 우리는 길을 떠나야 한다.

추파는 왜 그들처럼 살지 말라고 했을까? 추파는 우리의 삶이 훨씬 편하고 행복하다고 느꼈기 때문이다. 내일에 대한 걱정 없이 살고 싶은 두란 역시 마을 사람과 같은 삶을 피하고 싶었던 것 같다.

사람들이 마지막 밤을 보내기 위해 모닥불 주위에 모여 있을 때 나는 추파의 무덤을 지켰다. 그리고 곰곰이 생각했다. 도대체 마을 사람들은 이 좋은 수렵 채집 생활을 왜 포기한 것일까? 왜 짧은 노동과 평등한 사회를 포기하고 힘든 농사의 길에 들어선 것일까? 그들이라고 고된 노동과 빈부의 차이 그리고 계급 사회를 좋아할 리가 없지 않은가?

우리가 비록 떠돌지만 정처 없이 다니는 것은 아니다. 우리는 잡아야 할 짐승과 따 먹어야 할 열매를 쫓아다니는데, 짐승들은 계절에 따라 일정한 곳으로 이동하며 열매도 장소와 시간에 따라 다르게 열린다. 우리의 삶도 한 해를 기준으로 하고 있는 것이다.

매년 같은 곳을 지나면서 캠프를 차렸고 캠프 옆에는 조상의 묘가 늘 있었다. 내가 묘 옆에 앉아 있을 때마다 추파가 찾아와서 조상들의 이야기를 했다. 추파가 경험한 것도 있고 들은 이야기도 있었다. 조상들이 사냥한 동물들은 우리가 사냥한 동물들과 사뭇 달랐다. 그들은 커다란 동물을 사냥했다. 매머드나 엘라스모테리움 같은 거대한 동물을 사냥하는 이야기를 들으면 정말 신이 났다. 그런데 왜 우리 앞에는 그런 거대한 짐승이 없을까?

추파의 말에 따르면 세상이 점차 따뜻해졌다고 한다. 조상들이 전한 추운 시절의 삶은 정말 혹독했다. 당시 어떤 종족의 사람들은 옷을 제대로 지어 입지 못해서 아예 사라졌다고 했다. 그들이 사라진 것은 우리와는 아무 상관이 없다. 같은 짐승을 놓고 다퉈야 하는 경쟁자가 사라졌으니 우리가 걱정할 일이 아니었다.

그런데 세상이 따뜻해지면서 사람의 숫자가 늘었다. 우리와 짝을 지을 수 있는 다른 무리였다. 사람이 늘다 보니 같이 먹이를 두고 경쟁하는 일이 생겼다. 이건 그래도 서로 잘 피해 가면서 평화적으로 해결할 수 있는 문제였다. 하지만 우리 조상들이 해결할 수 없는 문제가 생겼다. 조상들이 찾아다니던 길목에 원래 있던 동물과 열매가 보이지 않았던 것이다. 세상이 더워지니 그전에 살던 짐승과 열매들이 달라졌다. 이런 일이 지속되었다.

우리는 여전히 조상들 방식으로 짐승을 쫓고 열매를 따 먹는다. 그런데 조상들이 알려준 곳에 더 이상 그 짐승과 열매가 없다. 어떤 짐승을 잡아야 할지, 어떤 열매를 따 먹어야 할지 모르겠다. 우리는 곧 위기에 처할 것이다. 예전처럼 50명이 뭉칠 기회는 없을 것이다. 기껏해야 20명, 아니면 10명 이하로 줄어들지도 모른다. 그 적은 인원으로 우리가 사냥할 수 있는 짐승이 뭐가 있을까?

이렇게 생각해 보면 마을 사람들이 긴 노동 시간과 불평등이 좋아서 농사를 선택한 것이 아니라는 게 분명하다. 그들은 환경의 변화에 창의적으로 적응한 사람들 아닌가! 나는 마을 사람들을 보았다. 나는 내 삶을 변화시키기로 했다. 이제 동료들과 헤어질 때다. 나는 아내와 함께 나만의 마을을 만들기로 했다. 몇 명쯤은 내게 남겠지….

다시 만나자는 약속

길을 떠나기 제일 좋은 시간은 해가 뜨기 직전이다. 이때가 가장

찬란한 멸종

서늘하기 때문이다. 서서히 체온을 높이면서 걸어가야 지치지 않는다. 아내를 비롯해서 다섯 명이 나와 남기로 했다. 이제 먼 길을 가기에는 너무 늙은 사람들과 임신한 지 얼마 되지 않은 젊은 부부였다. 조상의 지혜와 미래의 노동력이 갖추어졌다. 새롭게 시작할 수 있다. 두란이 나를 굳게 안았다.

"한 해 뒤에 다시 만나요. 보름달이 뜰 무렵 우리 같이 올랐던 산 정상에서 만나요. 하지만 산 너머에 마을을 짓지는 마세요."

우리는 돌에 새긴 달력을 서로 확인했다. 우리에게도 돌에 새긴 달력이 있다. 돌에 새긴 달의 모습은 채 석 달이 되지 않지만 우리는 돌 달력을 기준으로 거래도 한다. "이봐, 달이 이 모양일 때 이 자리에서 다시 만나자고. 우리는 노루 모피를 스무 장 가져올게. 자네들은 부싯돌을 한 짐 가져와 교환하자고. 참 저 소년도 짝을 맺어야지. 우리에게도 짝을 맺어야 할 소녀가 있어. 그때 선을 보게 하자고."

다른 집단과 돌 달력을 두고 시간 약속을 한 적은 있어도 우리 집단 사람과 긴 시간을 두고 다시 만나자고 약속한 건 처음이다. 낯설었다. 과연 우리가 그 약속을 지킬 수 있을까?

한 해가 지난 후 만나자고 했던 두란은 다시 만나지 못했다. 두란뿐만 아니라 우리 집단의 그 누구도 만날 수 없었다. 아마도 어디선가 마을 사람들에게 들켜 사로잡히거나 죽임을 당했을 것이다. 그게 아니라면 짐승 떼와 열매 나무를 찾지 못해 굶어 죽었을지도 모르겠다.

　나는 몇 년 동안이나 두란과 약속한 날이면 아침 안개가 계곡에서 걷힐 무렵 두란과 함께 올랐던 산 정상으로 향했다. 계곡 아래는 숲으로 둘러싸여 있고 그 사이로 강이 유유히 흐르고 있다. 강 옆으로 펼쳐진 이상한 초록색 사각형 들판은 더욱 넓어졌고 마을은 엄청나게 커지고 있다. 사람들과 같이 사는 짐승의 무리도 많아졌다.

　마을 사람들은 정말 쉬지 않고 일한다. 하지만 건강 상태는 수렵과 채집을 하던 우리보다 훨씬 못해 보인다.

　이제 내 주변에는 아무도 남지 않았다. 늙은이들과 아내는 세상을 떠났고 젊은이들과 아이들은 마을 사람들에게 잡혀갔다. 떠날 곳을 잃은 노마드의 삶은 이렇게 끝난다. 이제 농사꾼의 세상이다.

호모 사피엔스만 살아남은 이유

지금은 빙하시대, 우리는 그 유명한 네안데르탈인이다. 그리고 마지막으로 남은 가족이다. 지구상에 네안데르탈인은 우리를 제외하고는 아무도 없다.

눈발이 날리는 넓은 공터에 오록스(멸종된 유럽들소) 떼가 먹이를 찾아 앞발로 눈밭을 헤치고 있다. 우리 가족은 소나무가 빽빽하게 들어차 있는 강기슭에서 오록스를 바라보고 있다. 그것을 사냥해야 한다. 쉬운 일이 아니다. 우리 무리는 숫자도 몇 되지 않는 데다가 며칠 동안 제대로 먹지도 못했고 너무 추워서 몸을 가누기조차 힘들 정도다.

불과 수십 미터 떨어진 곳에 한 무리의 크로마뇽인이 나타났다. 크로마뇽인은 지금 우리 가족이 살고 있는 프랑스 남서부 크로마뇽 지역의 호모 사피엔스를 말한다. 그들은 팔과 다리까지 가린 털옷을 입었다. 작은 창을 휘두르고 티격태격하며 소란스럽게 걷는 사내아이 둘 뒤로 창을 든 사냥꾼 남편과 말린 고기가 든 가죽 가방을 멘 아내와 딸, 모두 다섯 식구다. 가장 앞에 있던 사내아이가 갑자기 겁에 질린 듯한 소리를 치며 우리 무리를 가리킨다. 그러고는 엄마에게 매달려 눈물을 쏟는다.

크로마뇽인 꼬마는 짙은 속눈썹에 우락부락한 몸매 그리고 털이 무성한 우리 얼굴을 보고 겁이 났겠지만 정작 두려운 것은 우리다. 크로마뇽인에게 당했다는 소문이 우리 네안데르탈인 사이에 심심치 않게 들렸던 것이다. 크로마뇽인 사내는 우리를 향해 창을 흔든 후 어깨를 한번 들썩이고는 자기 가족을 데리고 가던 길을 간다. 휴, 다행이다.

왜 우리 네안데르탈인은 점점 사라지는 것인가? 과연 우리는 얼마나 더 살 수 있을까?

네안데르탈인의 발견과 진화

현대인은 우리를 1856년에야 처음 발견했다. 독일의 뒤셀도르

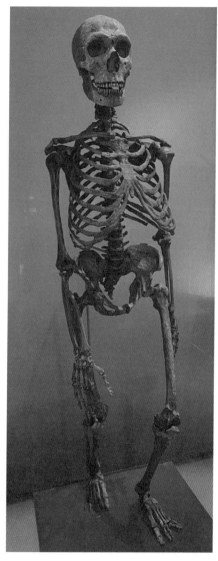

네안데르탈인 유골 복원본(미국 자연사박물관). 네안데르탈인의 유골을 분석하면서 인류의 조상과 역사에 대한 연구가 시작되었다.

프 근처에 있는 네안더Neander 계곡Thal에서 우리 동료의 뼈가 발견되었다. 그들은 처음에 우리 뼈를 보고 구루병에 걸린 현대인으로 착각했다. 그럴 수밖에 없는 게 당시에는 현대인과 다른 그 어떤 인류가 있을 것이라고는 상상도 못 했기 때문이다. 생각해 보라. 찰스 다윈의 『종의 기원』이 발표된 게 1859년이다.

우리 유골을 과학적으로 연구한 해부학자 헤르만 샤프하우젠이 1857년 "이 뼈가 이전에 알려지지 않은 인간 유형을 나타낸다"는 내용의 논문을 발표했다. 이로써 현대인들은 인류 진화에 대해 이해하기 시작했다. 결국 우리 때문에 고인류학의 문이 열렸고, 인류의 조상과 역사에 대한 연구가 시작된 것이다.

우리 네안데르탈인은 45만 년 전에 등장했다. 호모 사피엔스보다 15만 년이나 먼저 등장한 셈이다. 우리가 먼저 등장했다는 이유만으로 현대인들은 큰 오해를 하고 있다. 네안데르탈인에서 호모 사피엔스가 나왔다고 믿는 것이다. 마치 원숭이에서 침팬지가 진화하고 침팬지에서 인류가 진화했다고 믿는 것과 같다. 천만의 말씀이다. 네안데르탈인과 호모 사피엔스는 단지 조상이 같을 뿐이다.

조상이 같다고 하면 또 오해를 한다. A라는 조상에서 B와 C가 나오는 동시에 A가 사라졌다고 착각하는 것이다. 진화는 순간적인 사건이 아니다. 우리를 예로 들어보겠다. 하이델베르크인(호모 하이델베르겐시스)이라는 고인류가 있었다. 독일 하이델베르크 지역에서 처음 발견되었다고 해서 붙은 이름이지만 아프리카에서 출발했다.

하이델베르크인은 약 100만 년 전에 등장했다. 하이델베르크인 남자의 키는 평균 180센티미터, 체중은 100킬로그램까지 나갔으며 뇌용적은 1100~1400밀리리터였다. 현대인과 비슷하다. 하이델베르크인이 언젠가 유럽으로 진출했고 45만 년 전쯤 여기서 우리 네안데르탈인이 분기되어 나왔다. 여전히 하이델베르크인은 존재했으며 30만 년 전쯤 다시 호모 사피엔스가 분기되어 나왔다. 그러니까 이때는 하이델베르크인, 네안데르탈인, 호모 사피엔스가 모두 함께 살고 있었던 것이다. 심지어 아시아에서는 5~6만 년 전까지도 하이델베르크인이 존재했다.

호리호리한 인류와 호리호리하지 않은 인류

우리 네안데르탈인(호모 네안데르탈렌시스)은 흔히 호리호리한 인류로 불린다. 우리만 그런 게 아니라 앞에 '호모'라는 속명이 붙은 모든 인류가 그렇다. 그럼 호리호리하지 않은 인류도 있었다는 말일까? 그렇다. '파란트로푸스'라는 속명을 가진 인류다. 우리가 등장하기 직전에 살았던 인류로 우리와는 진화적 관계가 전혀 없다.

현대인보다는 고릴라에 훨씬 가깝게 생긴 인류다. 파란트로푸스 남자의 키는 137센티미터, 몸무게는 40킬로그램 정도였다. 얼굴은 평평했고 어금니는 현대인의 두 배 이상으로 컸다. 주로 구근을

파란트로푸스 두개골 복원본(미국 인류
박물관). 얼굴은 평평했고 어금니는 현대
인의 두 배 이상으로 컸다.

먹는 초식성이었다. 구근을 먹어 체온을 유지하려면 온종일 뭔가를
먹어야 했다. 뇌는 500그램 정도. 침팬지의 뇌 400그램과 별로 차
이가 나지 않는다. 파란트로푸스는 악어, 표범, 검치호랑이와 하이
에나의 먹잇감이었다. 먹이 피라미드에서 최상의 위치에 있지 않았
다는 뜻이다.

　이에 비해 호리호리한 인류는 키가 크고 뇌의 용적도 크다. 우리
네안데르탈인은 남자는 대략 167센티미터, 여자는 155센티미터
다. 우리와 함께 살았던 크로마뇽인은 호모 사피엔스지만 현대인보
다는 작고 우리보다 조금 더 큰 정도다. 파란트로푸스속과 호모속

오스트랄로피테쿠스	호모 에렉투스	네안데르탈인	호모 사피엔스
390만 년 전	180만 년 전	45만 년 전	30만 년 전

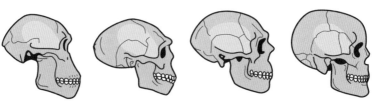

호모속 인류 조상 종들의 두개골 변화.

사이의 가장 큰 차이점은 뇌의 용적이다. 호모 사피엔스는 1350밀리리터 정도이고 우리 네안데르탈인의 뇌 용적은, 놀라지 마시라, 호모 사피엔스보다 더 큰 1600밀리리터에 달한다.

뇌가 크다고 우리가 호모 사피엔스보다 더 똑똑하다고 주장하지는 않겠다. 우리가 봐도 그건 아닌 것 같으니 말이다. 뇌의 크기가 어느 정도 범위 안에 있으면 비슷하다고 봐야 한다. 현대인의 경우 남성의 뇌가 여성의 뇌보다 조금 더 크지만 그렇다고 남자가 더 똑똑한 것은 아니니까 말이다.

왜 뇌가 더 커졌을까?

누구나 기본적으로 가지고 싶은 게 있다. 바로 건강이다. 하지만 현대인은 여기에 멈추지 않고 또 뭔가를 가지고 싶어 한다. 명예, 권력, 돈이 바로 그것이다. 대부분의 사람은 이 세 가지 가운데 아무것도 가지지 못한다. 하나만 가져도 행운이다. 가끔가다가 두 가지를 가진 사람이 있다. 정말 부럽다. 그런데 세 가지 모두 가지려는 사람이 있다. 행운이 반복되어 한 사람에게만 올 리가 없다. 부정이 따를 수밖에 없다. 결국 감옥에 간다.

고인류도 마찬가지였다. 커다란 뇌를 가지려면 뭔가 다른 것 하나를 포기해야 했다. 무엇을 포기해야 했을까? 에너지 효율을 따져 봐야 한다. 뇌는 1킬로그램당 11.2와트의 에너지를 사용한다. 사람이 사용하는 에너지가 체중 1킬로그램당 1.25와트에 불과하다는 것을 생각하면 뇌는 아주 비효율적인 기관이다. 그래서 뇌를 마냥 키울 수가 없다. 뇌를 키우려면 어딘가에서는 에너지를 절약해야 한다.

근육을 줄일까? 근육을 줄이면 생존에 문제가 있을 것 같다. 게다가 근육은 생각보다 에너지를 적게 쓴다. 1킬로그램당 0.5와트에 불과하다. 현대인에게 많은 트러블을 일으키는 피부도 0.3와트에 불과하다. 아주 효율적인 기관이다. 근육과 피부에서는 줄일 에너지가 없다. 뇌보다도 에너지를 많이 쓰는 기관을 줄여야 한다.

누가 낭비하는가? 심장과 신장이다. 각각 32.3와트와 23.3와트를 사용한다. 크기를 줄이면 에너지 사용을 줄일 수 있겠지만 진화는 작아지는 방향으로 일어나지 않았다. 그만큼 생존에 결정적인 역할을 하는 기관이라는 뜻이다. 여기서도 줄일 게 없다. 의외로 많은 에너지를 사용하는 기관이 있다. 바로 내장이다. 내장은 1킬로그램당 무려 12.2와트의 에너지를 사용한다. 내장은 먹이를 분해해서 에너지를 얻기 위한 기관인데 이 기관을 작동시키는 데 너무나 많은 에너지가 소비된다. 전혀 효율적이지 않은 기관이다. 어이할꼬?

내장의 필요를 줄여야 한다. 조금 먹든지 식성을 바꿔야 한다. 그런데 조금 먹는 것은 도움이 되지 않는다. 생성되는 에너지가 줄어드니 말이다. 답은 정해졌다. 식성을 바꾸는 것이다. 고기를 먹어야 했다. 풀만 먹는 소는 위장이 4개나 되고 되새김질을 하며 창자가 엄청나게 길다는 점을 생각해 보면 식물의 소화가 얼마나 어려운지 쉽게 짐작할 수 있을 것이다. 고기는 식물보다 훨씬 소화가 잘된다. 소화기관의 길이를 훨씬 줄일 수 있다.

호리호리한 인류는 내장을 줄이는 대신 뇌를 키웠다. 현명한 선택이었다. 물론 "음, 나는 뇌를 키우는 방향으로 진화해야겠어. 그러니까 내장을 줄여야지"라는 생각을 해서 진화가 일어난 것은 아니다. 단지 그런 방향으로 유전자 돌연변이가 일어난 개체가 자연에 의해 선택된 것이다.

힘보다 머리를 써서 사냥하다

우리는 크로마뇽인보다 조금 작지만 몸은 더 다부지다. 힘도 더 세다. 작은데 어떻게 더 힘이 세냐고? 침팬지가 사람보다 작지만 인간보다 1.35배나 힘이 더 센 것을 생각해 보라. 우리 네안데르탈 인은 침팬지 정도의 힘을 낼 수 있다. 크로마뇽인은 맨몸으로는 절 대로 우리 상대가 될 수 없다.

더 강한 힘은 거저 생기는 게 아니다. 더 많은 에너지가 필요하 다. 우리는 하루에 4000킬로칼로리의 에너지가 필요하다. 크로마 뇽인보다 매일 400킬로칼로리의 열량을 더 섭취해야 한다. 매일 100그램의 단백질을 더 섭취해야 하는 셈이다. 100그램의 단백질 을 섭취하려면 고기 330그램을 먹어야 한다. 우리는 더 많이 먹어 야 하고 그러기 위해 사냥을 더 많이 해야 한다.

우리라고 고기만 먹은 것은 아니다. 하지만 육식 위주의 식사를 하다가 고기가 부족하면 풀과 물고기를 먹는 곰에 가까운 육식 기 반의 잡식이다. 우리는 사냥에 집중한다. 우리는 사자나 하이에나 보다 상위 포식자다. 거칠고 유능한 사냥꾼이다. 주로 사슴, 곰, 들 소, 매머드를 사냥한다. 그런데 생각해 보라. 사냥이 쉬운가? 우리 는 사냥감 동물보다 느리고 발톱과 이빨도 보잘것없다.

다행히 우리는 현대인보다 더 큰 뇌를 가졌다. 우리는 돌과 뼈, 나무 등을 이용해서 창이나 손도끼 등 다양한 종류의 도구를 만들었다. 힘보다 머리를 써서 사냥한다. 커다란 코뿔소나 매머드도 사냥할 수 있다. 우리는 지형지물을 잘 활용하며 끈기가 있다. 얌전한 코뿔소나 매머드를 창으로 자극한다. 안타깝게도 우리는 크로마뇽인이 사용하는 투창, 그러니까 던지는 창을 사용하지 않는다. 가까이 접근해서 긴 창으로 찌르며 동물을 자극한다. 화가 난 동물들이 우리를 쫓아오게 한다. 우리는 절벽을 향해 달려간다. 절벽 바로 앞에서 우리가 옆으로 피할 때 사냥감들은 미처 방향을 바꾸지 못하고 절벽 아래로 떨어진다. 우리의 식사거리가 되는 것이다.

우리는 뛰어난 사냥꾼이다. 현생 아프리카코끼리보다 두 배 이상 거대한 팔라에올록소돈속 코끼리도 사냥한다. 그런데 항상 식량이 부족하다. 사냥에 매일 성공하는 게 아니지만 한번 성공하면 모든 무리가 배불리 먹고도 남는다. 남으면 썩어서 버리는데, 목숨 걸고 사냥한 식량을 그렇게 낭비할 수는 없다. 최대한 먹는다. 폭식을 하는 것이다. 무조건 먹어야 한다. 또 얼마 동안이나 기아에 허덕일지 모르기 때문이다.

우리 네안데르탈인은 있을 때 잔뜩 먹어서 몸에 지방을 쌓아둘 방법이 필요했다. 그래야 평소에 적게 먹어도 생존할 수 있다. 이것은 우리 의지로 할 수 있는 일이 아니다. 그런데 그 방법이 우연히 생겼다. 다행히 우리 몸에 SLC16A11 유전자가 생긴 것이다. 이 유전자는 빠르게 지방을 몸에 저장하는 역할을 한다.

그런데 이 유전자는 현대인의 몸속에 남아 현대인에게 비만과

: 팔라에올록소돈속 코끼리 화석(대만 국립자연과학물관). 네안데르탈인은 힘보다 머리를 썼기 때문
   에 현생 아프리카코끼리보다 두 배 이상 거대한 동물도 사냥했다.

당뇨 문제를 일으키고 있다. 아니, 우리 네안데르탈인의 유전자가 왜 현대인의 세포에 남아 있을까?

비만과 탈모라는 슬픈 유산

우리 네안데르탈인과 호모 사피엔스는 서로 낯설지 않았다. 지금부터 10만 년 전부터 때로는 침략의 결과로, 때로는 우호의 표시로 짝을 지었다. 5~6만 년 전에는 우리 네안데르탈인과 호모 사피엔스 사이에 교배가 집중적으로 일어났다. 이때부터 네안데르탈인과 호모 사피엔스 사이에는 유전자가 교환되었다.

호모 사피엔스의 어떤 유전자가 우리 네안데르탈인에게 왔는지는 거의 알려져 있지 않다. 하지만 현대 과학자들은 우리 네안데르탈인의 유전자를 현대인에게서 찾아내고 있다. 사하라 사막 남쪽의 아프리카인을 제외하면 전 세계 인류에게 우리 네안데르탈인의 유전자가 들어 있다. 전체 유전자의 1~4퍼센트 정도다.

대표적인 게 바로 위에서 설명한 SLC16A11 유전자다. 미안하다. 당뇨와 비만의 문제를 그대들에게 남겨줘서. 남성형 탈모 유전자도 우리가 넘겨준 것이다. 아프리카 남부의 보츠와나공화국, 남아프리카공화국, 나미비아에 걸쳐 있는 칼라하리 사막에는 코이코이족과 산족이 산다. 이 둘을 합쳐서 코이산족이라고 한다. 코이산족 사람들 중에는 대머리가 없다. 탈모 유전자도 네안데르탈인에게서 왔다는 증거다.

그렇다고 우리가 넘겨준 유전자가 모두 나쁜 거라고 오해할 필요는 없다. 전반적으로는 생존에 유리한 결과가 나왔으니까. 특히 우리 때문에 생긴 면역도 있다. 원래 유전자가 섞이는 과정은 생존에 유리한 결과가 나온다. 만약 불리했다면 일찌감치 그 유전자는 사라지고 말았을 테니까.

그런데 말이다. 우리 네안데르탈인과 크로마뇽인을 비롯한 다양한 지역의 호모 사피엔스는 함께 살았고, 겨루었고, 짝을 지었다. 그런데 왜 우리 네안데르탈인은 멸종하고 크로마뇽인만 남았을까?

언어도, 문화도 있었다!

많은 현대 과학자는 네안데르탈인에게 언어가 없었다고 단정했다. 보지도 않았으면서 말이다. 물론 함부로 한 이야기는 아니다. 인간이 언어를 구사하려면 반드시 충족되어야 할 해부학적인 조건이 있다. 목의 인두와 후두 사이의 거리가 멀어야 한다. 호모 사피엔스는 30만 년 전에 이미 그 조건을 갖추었다.

그런데 우리 네안데르탈인에게도 설골이 있다. 설골은 혀의 근육과 후두를 연결해 주는 부분이다. 이게 왜 있겠는가? 우리 네안데르탈인도 해부학적으로 언어 사용이 가능했다는 뜻이다. 하지만 인정할 게 있기는 하다. 인두와 후두 사이의 거리가 짧다. 그래서 다양한 발음을 하지 못한다. 대표적으로 '이'와 '우' 발음을 하지 못한다. 그렇다고 해서 흥얼거리는 정도였다는 뜻은 아니다.

분명히 언어가 있었다는 증거는 또 있다. 언어와 관련이 있는 FOXP2 유전자가 네안데르탈인에게도 있다. 하이델베르크인 때부터 언어를 사용했다. 그러니 거기에서 갈라져 나온 우리 네안데르탈인이나 호모 사피엔스나 모두 언어를 사용할 수 있다.

그렇다면 소리는 어떻게 들었을까? 우리의 선조 격인 하이델베르크인의 바깥귀와 가운데귀 구조가 호모 사피엔스와 닮았다. 그렇다면 우리 귀도 비슷하다는 것을 쉽게 짐작할 것이다. 우리는 현대인과 마찬가지로 소리를 구분할 수 있다.

언어의 기본 기능은 소통이다. 우리 네안데르탈인의 삶에도 언어가 필요하다. 소통을 통해서 집단은 견고해진다. 정치, 경제, 사회 이런 이야기를 나눈 것은 아니지만 개인적인 감정을 나누고 사냥법을 가르쳐주기도 한다. 그리고 남 이야기도 한다. 뒷담화는 의외로 집단을 결속시킨다.

언어의 가장 큰 장점은 여러 사람과 정보와 감정을 나눌 수 있다는 것이다. 침팬지는 털을 골라준다. 털 고르기는 일대일의 과정이다. 하지만 언어는 동시에 여러 사람과 소통할 수 있다. 인간이 유인원보다 더 큰 집단을 형성할 수 있었던 건 언어가 있기 때문이다.

언어는 문화로 이어진다. 150만 년 전 호모 에렉투스 시절부터 사용하던 불은 계속 사용했다. 사용하지 않을 이유가 없다. 모닥불은 우리의 시간과 공간을 확장시켰기 때문이다. 예전에는 추워서 살 수 없던 곳에서도 살게 되었고 해가 진 다음에도 모닥불 주변에 모여 함께 시간을 보내며 지혜를 전수하고 결속력을 다졌다.

그 결과 치장을 하고 동굴벽화를 그렸으며 장례 문화도 만들었다. 우리는 동료가 죽으면 주변의 꽃을 꺾어 시신 위에 얹고 그가 사용하던 석기도 함께 묻어준다. 왜 그럴까? 인구가 많지 않은 우리에게 죽음은 뼈 아픈 손실이다. 우리는 서로의 중요성을 알며 고독을 느끼는 존재고 사후 세계를 믿기 때문이다.

우리 네안데르탈인은 큰 뇌를 가지고 언어생활을 했는데 왜 멸종하게 된 걸까? 우리와 함께 마지막 빙하기를 지낸 호모 사피엔스는 어떻게 살아남았을까?

기대수명 30세의 비극

우리 네안데르탈인은 항상 작은 사회만 구성했다. 현대인에게 남아 있는 자폐 유전자 역시 우리 네안데르탈인이 남겨준 것이다. 우리는 호모 사피엔스보다 훨씬 작은 규모의 공동체를 이루고 살았다. 사회성도 상당히 떨어진다. 동족 간의 결속이 약해서 서로 협력도 잘하지 못한다. 동족과의 결속이 강한 크로마뇽인에 비해 큰 약점이다.

더 중요한 문제는 큰 사회를 구성할 만큼 인구가 많아진 적도 없다는 것이다. 우리 네안데르탈인은 40만 년 이상 존재하면서 단 한 번도 총인구가 10만 명을 넘어본 적이 없다. 기본적으로 수명이 너무 짧다.

구석기 시대 사람의 수명을 평균수명으로 따지는 것은 현대인의 시각으로 보면 별 의미가 없다. 당시에는 유아 사망률이 워낙 높았기 때문이다. 구석기인도 유아기를 지나면 생존확률이 굉장히 높아졌다. 크로마뇽인은 60~70세까지 수명을 기대할 수 있다. 이에 비해 우리 네안데르탈인의 기대수명은 30~35세에 불과하다.

생애가 짧다는 사실을 어떻게 아냐고? 우리 네안데르탈인의 이를 보면 알 수 있다. 치아는 한 인간의 생체 시계를 통째로 간직한다. 이는 아래에서 위로 자란다. 위쪽은 아래쪽보다 더 오래된 것이다. 위쪽에는 성장선이 있는데 처음 이가 나왔을 때의 상황을 알려주고 아래쪽에 있는 사망선은 사망할 무렵의 상태를 알려준다. 그 사이에는 스트레스 선이 있다. 영양 상태가 안 좋거나 병에 걸렸던 흔적이 줄로 남는 것이다.

호모 사피엔스는 열 살쯤 어금니가 나온다. 그런데 우리 네안데르탈인은 여섯 살에 벌써 어금니가 나온다. 이것은 유년기가 크로마뇽인보다 4년이나 짧다는 것을 말한다. 수명이 짧은 우리는 하루

빨리 자라서 일찍 죽은 연장자의 자리를 채워야 한다. 그뿐만 아니라 사춘기도 빠르다. 일찍부터 번식이 가능할 정도로 빨리 성장한다는 말이다. 성장이 빠르면 당연히 노화의 시기도 당겨진다. 이에 비해 호모 사피엔스는 유년기는 길어지고 2차 성징은 늦게 오는 방향으로 진화했다. 우리 네안데르탈인은 짧은 생애를 평생 바쁘게 살아야 했다.

특히 유년기가 짧다는 것은 우리 네안데르탈인에게 치명적이다. 유년기는 정말 중요한 시기다. 부모의 지극한 보살핌 속에 안전하게 머물면서 복잡한 사회 규칙을 배우고 생존 전략을 깨닫고 놀면서 창의력을 키우는 시기다. 창의력이란 하늘에서 뚝 떨어지는 별난 아이디어가 아니다. 하늘 아래 새로운 것이 없다. 이미 있는 것들을 새로운 시각으로 보고 새롭게 조합해서 나오는 것이다. 창의력이 생기기까지는 많은 시간이 필요하다. 오래 놀아야 한다. 하지만 우리는 유년기가 너무 짧다.

크로마뇽인과 달리 우리는 바늘귀가 있는 바늘을 발명하지 못했다. 평상시에는 큰 문제가 아니다. 하지만 빙하기가 찾아오자 치명적이었다. 크로마뇽인은 좋든 나쁘든 팔과 다리까지 가릴 수 있는 옷을 지어 입었다. 우리는 기껏해야 동물 가죽을 걸쳐 입는 게 전부였다. 추위에 약했다. 먹이 활동을 충분히 하지 못했다.

식량이 줄자 급격히 인구가 줄었다. 인구가 줄자 짝짓기가 점차 힘들어졌다. 예전에는 산 한두 개만 넘으면 짝을 찾을 수 있었으나 어느 순간 수십 킬로미터를 이동해야 다른 네안데르탈인을 겨우 만날 수 있었다. 짝을 짓지 못하니 인구는 급격히 줄었다.

지금은 4만 년 전 빙하시대, 우리는 그 유명한 네안데르탈인이다. 네안데르탈인은 빙하기 동안 5000명으로 줄더니 결국 15명, 10명까지 줄었고 이제 우리 다섯 식구만 남았다. 지구상에 네안데르탈인은 우리를 제외하고는 아무도 없다.

우리 눈앞에서 오록스 떼가 먹이를 찾아 뒷발로 눈밭을 헤치고 있다. 그들에게도 힘겨운 겨울이다. 하지만 우리 다섯 식구에게는 그들을 사냥할 힘도 남아 있지 않다. 우리와 마주친 크로마뇽인 가족은 우리를 무시하고 지나갔다. 어깨 한번 으쓱하고.

배고파 사라진
거대 고양이

배고프다. 어처구니없는 상황이다. 내가 배가 고프다니…. 이런 상황이 이해되지 않는다. 눈앞에는 울창한 원시 그대로의 숲이 넓은 초원과 이어져 있다. 숲과 초원에는 먹음직한 초식동물들이 한가로이 풀과 나무를 뜯고 있다. 저 동물들을 잡아먹어야 한다.

사냥의 기본은 잠복! 하지만 나는 굳이 숨지 않는다. 우뚝 솟은 나무의 지붕처럼 우거진 나뭇가지와 무성한 잎이 햇빛을 걸러 숲 바닥에는 빛과 그림자의 모자이크가 드리웠고 그 속에 스며들어 있기 때문에 그들은 나를 보지 못한다. 숲의 공기에는 나무 향과 축축한 흙냄새가 진동하고 있어서 초식동물들은 내 냄새를 알아채지 못한다. 내가 숲에서 성큼 걸어도 그들은 내 소리를 듣지 못한다. 양치류와 이끼로 덮인 바위 사이로 부드럽게 졸졸 흐르는 시냇물 소리, 바스락거리는 나뭇잎 소리와 멀리서 들려오는 새들의 울음소리로 가득 차 있기 때문이다. 자연은 충만하다. 내 배만 빼고.

배가 너무 고프다. 작은 포유류들이 내 눈앞에서 덤불 사이를 자유롭게 까불며 뛰어다닌다. 저거라도 잡아먹을까? 에이! 힘만 들고 간에 기별도 안 갈 텐데…. 조금 가까이 접근하자 그들의 냄새가 난다. 걸음마다 신선한 고기 맛에 대한 추억이 돈다. 나도 모르게 으르렁 소리를 낸다. 입이 아니라 뱃속에서 맹렬한 허기가 울부짖는다.

짧고 튼튼한 꼬리로 균형을 잡고 한 걸음 한 걸음 신중하게 다가선다. 작은 포유류들은 금세 나를 알아차린다. 하지만 곁눈질만 할 뿐 도망갈 생각은 하지 않는다. 얼마 안 남았다. 돌진한 후 앞발로 한 놈을 휘갈기고 길고 구부러진 이빨을 그 목덜미에 꽂으면 사냥은 끝난다. 말이야 쉽지!

나는 저들을 잡지 못한다. 저들이 방향 전환하는 속도를 따라잡을 수 없다. 너무 오랫동안 굶었다. 그러니 힘이 없고, 힘이 없으니 사냥하기는 더 힘들다. 그래서 나는 배고프다. 차라리 저들처럼 풀을 먹고 살 수 있었으면 얼마나 좋을까? 그 많던 내 먹이는 다 어디로 갔는가?

나는 호랑이가 아니다

이빨은 화석으로 잘 남는 데다가 동물의 중요한 특징이다 보니 그리스어로 이빨을 뜻하는 '오돈odon'이 들어간 동물 이름이 꽤 된다. 공룡 이구아노돈Iguanodon과 트로오돈Troodon은 각각 '이구아나의 이빨'과 '상처 입은 이빨'이라는 뜻이다. 한때 내가 즐겨 사냥하던 마스토돈Mastodon은 '유방 이빨'이라는 뜻인데 어금니 크라운에 있는 돌기가 젖꼭지 모양이라고 해서 붙은 이름이다.

나도 이름에 이빨이 들어 있다. 스밀로돈Smilodon, 멋진 이름 아닌가? '스밀레smile'는 조각칼을 뜻하는 그리스어다. 그러니 내 이름은 '칼 같은 이빨'이라는 뜻이다. 한자를 쓰는 문화에서는 나를 '검치호劍齒虎' 또는 '검치호랑이'라고 부른다. 호랑이처럼 먹이 피라미드에서 최고 위치에 있으며 칼 같은 이빨이 있다는 뜻이다. 호랑이의 명성을 생각하면 참으로 과하게 고마운 이름이다. 하지만 과한 칭찬은 오해를 부른다.

나는 이름과 달리 호랑이가 아니다. 호랑이가 지구에 돌아다니기 훨씬 전부터 번성했던 고양잇과에 속하는 별개의 종이다. 고양잇과는 크게 4개의 아과로 나뉜다. 프로아일루루스아과, 표범아과, 고양이아과, 마카이로두스아과. 이 가운데 현대인과 함께 살고 있는 고양잇과 동물들은 모두 표범아과와 고양이아과 동물이다. 눈표범, 호랑이, 재규어, 표범, 사자는 표범아과에 속하고, 스라소니,

치타, 퓨마, 삵 그리고 사람과 함께 사는 고양이는 고양이아과에 속한다.

프로아일루루스아과와 마카이로두스아과는 현대인은 구경도 하지 못했다. 나는 마카이로두스아과에 속하므로 호랑이와는 너무 관계가 멀다. 굳이 가까운 친척을 찾자면 사람과 함께 살고 있는 고양이가 우리와 가깝다. 그러니 이름은 고맙지만 검치호랑이는 호랑이가 아니다.

유전적으로 호랑이보다 고양이에 더 가깝다고 해서 나를 만만하게 보면 안 된다. 스밀로돈속에는 많은 종이 있는데 크기와 몸무

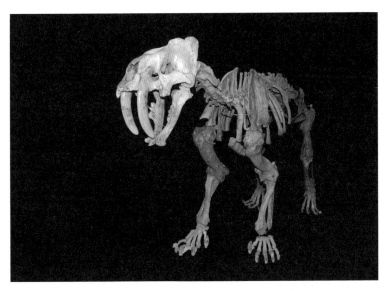

스밀로돈 화석(오스트리아 빈자연사박물관). '검치호랑이'라고도 불리지만 유전적으로 호랑이보다는 고양이에 더 가깝다.

게가 다양하다. 보통 몸길이 1.6~2미터, 어깨높이 1.1미터, 체중 160~280킬로그램 정도지만, 큰 종은 몸길이 2.5미터, 어깨높이 1.2미터, 체중 220~400킬로그램이나 되기도 한다. 현생 수컷 시베리아 호랑이가 몸길이 2.7~3.3미터, 어깨높이 0.9~1.1미터, 체중 180~310킬로그램인데 거의 비슷한 크기라고 보면 된다.

무섭지? 하지만 우린 호랑이가 아니다.

강력한 이빨과 근육질의 몸매

스밀로돈의 크기와 무게 범위는 호랑이와 겹친다. 하지만 스밀로돈과 호랑이는 많이 다르다. 나와 호랑이의 가장 큰 차이점은 역시 이빨이다.

검처럼 구부러진 긴 송곳니는 길이가 28센티미터에 달한다. 엄청난 크기다. 이에 비해 시베리아 호랑이의 송곳니는 잇몸 선에서부터 6~8센티미터에 불과하다. 뭐, 크기가 전부는 아니다. 호랑이 송곳니는 작지만 매우 견고하고 원뿔형이어서 이빨로 살을 물고 찢을 수 있다. 큰 먹잇감의 단단한 가죽을 뚫을 수 있을 정도다.

그래도 우리의 자랑은 긴 이빨이니 이빨이 큰 다른 육식동물과 비교해 보지. 티라노사우루스 렉스의 이빨은 뿌리를 포함해 최대 30센티미터 정도다. 잇몸 선에서부터는 보통 10~15센티미터인데

스밀로돈은 마카이로두스아과에 속하므로 호랑이(아래)와
는 너무 관계가 멀다. 굳이 찾자면 사람과 함께 살고 있는
고양이(위)에 가깝다.

가장 큰 이빨은 20센티미터에 달한다. 티라노사우루스의 이빨은 두껍고 단면이 둥근 바나나 모양이다. 가장자리는 스테이크 나이프처럼 톱니 모양으로 되어 있다. 이것은 이빨로 가죽과 뼈를 찢고 부수었다는 뜻이다. 주로 초식 공룡을 먹고 사는 티라노사우루스에게 안성맞춤이다.

우리 스밀로돈의 이빨 28센티미터 가운데 잇몸 선 위쪽 길이는 14~20센티미터에 달한다. 코끼리의 엄니와 코뿔소의 뿔은 바깥쪽으로 휘지만 내 송곳니는 안쪽으로 휜다. 그래서 많은 이가 내 이빨은 사냥용이 아니라 그냥 과시용이라고 생각하기도 한다. 과시용으로 쓰려면 암컷보다 내 이빨이 훨씬 커야 한다. 그래야 과시가 된다. 그런데 암컷의 송곳니도 수컷만큼 크다. 과시용일 수가 없다.

스밀로돈은 턱을 120도까지 벌릴 수 있다. 호랑이와 사자가 겨우 65도 벌린다는 걸 생각하면 엄청난 각도다. 입을 크게 벌린 스밀로돈은 큰 이빨로 충분히 먹잇감을 물 수 있다. 미세한 톱니가 있는 날카로운 이빨 가장자리는 조직을 자르기에 좋다. 하지만 얇고 납작한 내 이빨은 뼈를 부술 정도로 강하지는 않다. 우리 이빨은 긴 시간 동안 싸움을 한다든가 뼈를 부수기보다는 목 같은 연한 조직을 정밀하게 타격해 치명상을 입히는 데 적합하다.

스밀로돈은 호랑이처럼 줄무늬는 없지만 숲의 그림자와 완벽하게 어우러져 최상위 포식자에 걸맞은 위장술을 펼친다. 호랑이는 힘과 민첩성에 의존해 사냥하지만 나는 정밀성에 의존한다. 울창한

찬란한 멸종

숲에 매복했다가 갑작스럽고 폭발적인 속도로 공격해 단번에 해치운다. 튼튼한 다리와 근육질의 몸매 때문에 가능하다. 호랑이와 달리 턱 근육과 목 근육이 강력하게 발달해서 이빨을 사용할 때 발생하는 엄청난 스트레스를 견딘다. 나는 호랑이보다 튼튼하고 근육질인 동물이다.

꼬리가 짧은 합리적인 이유

사자와 스밀로돈의 가장 큰 차이점은 인상적인 이빨이 아니다. 진짜 차이점은 꼬리다. 사자를 비롯한 현대 표범아과 동물들은 꼬리가 길다. 초원의 초식동물을 잡아먹기 위해서는 빠른 속도뿐만 아니라 방향 전환이 매우 중요하다. 사자는 먹이가 도망가는 방향 반대쪽으로 꼬리를 움직여서 몸의 방향을 쉽게 틀 수 있다.

그런데 스밀로돈의 꼬리는 튼튼하지만 짧다. 매복에 의존하는 나는 균형 감각이 별로 중요하지 않기 때문이다. 강력한 앞다리로 먹잇감을 움켜쥐고 움직이지 못하게 한 다음 칼처럼 생긴 날카로운 송곳니로 목덜미를 물어 질식시키거나 척추를 절단해 죽인다. 나한테 걸리면 죽는다. 그런데 작은 초식 포유류들은 내게 잘 걸려들지 않는다. 내가 그들만큼 민첩하지 못하기 때문이다.

괜찮다. 어차피 나는 작은 포유류 따위에는 관심이 없다. 내 먹이는 원래 매머드, 마스토돈(코끼리의 먼 친척), 메가테리움(거대 땅늘보) 같은 대형 초식동물이다. 거대한 포유류를 사냥하는 일은 위험하다. 그들의 다리에 차이거나 밟히면 뼈도 추리지 못한다. 하지만 그들은 작은 포유류에 비하면 느림보에 불과하다. 나는 민첩할 필요는 없다. 그들이 방향을 획획 바꾸면서 도망치지 않으니 내게 긴 꼬리는 거추장스러울 뿐이다. 내 꼬리가 짧은 데는 그런 이유가 있다.

스밀로돈은 250만 년 전 등장한 이후 1만 2000년 전까지 아메리카 대륙에서 최상위 포식자 지위를 누리며 번성했다. 우리는 거대 초식 포유류 덕분에 굶지 않고 살아왔다. 이 동물들은 풀을 먹으면서 천천히 이동했다. 해마다 일정한 곳에 나타나 우리에게 신선한 고기를 선사했다. 우리는 딱 먹고 싶은 만큼만 사냥했다. 건강하거나 어린 개체보다는 늙고 아픈 개체를 노렸다. 그게 안전하기 때문이다. 거대 초식 포유류도 그 정도까지는 우리의 사냥을 인정해주었다.

초원에 살았을까, 밀림에 살았을까?

"만약에 호랑이와 사자가 싸우면 누가 이길까?"라는 유치한 질문을 사람들은 가끔 하고 싶어 한다. 둘이 싸울 일이 없다는 게 답이다. 사자와 호랑이는 둘 다 '고양잇과-표범아과'에 속하지만 전

메가테리움 화석(영국 자연사박물관). 몸길이 6미터에 무게는 3~4톤에 이르는 거대한 땅늘보다.

혀 다른 곳에 산다. 사자는 세렝게티 같은 평원에 살고 호랑이는 밀림에 산다. 그래서 사자의 털은 풀빛이고 호랑이는 줄무늬가 있다.

그렇다면 우리 스밀로돈은 어디에 살았는지 아는가? 우리는 초원에 살았을까, 밀림에 살았을까? 실제로 우리를 보지 못한 인류도 그 답을 알 수 있다. 바로 화학의 힘으로.

탄소(c)에는 두 가지 동위원소가 있다. 동위同位란 위치가 같다는 뜻이다. 어디서? 바로 주기율표에서! 주기율표에는 한 칸에 한 가지 원소가 들어 있다. 6번 칸에 있는 탄소 자리에는 두 가지 원소가 있는데 C-12와 C-13이다. 모든 탄소의 핵에는 양성자 6개가 있다. 그래서 6번 칸에 있는 것이다. 그런데 C-12는 중성자가 6개고 C-13은 7개다. 이쯤 되면 눈치챘겠지만 C-12의 12는 '6(양성자)+6(중성자)=12'에서 왔고, C-13의 13은 '6(양성자)+7(중성자)=13'에서 왔다.

지구에 있는 탄소 가운데 98.9퍼센트는 C-12이고 나머지 1.1퍼센트만 C-13이다. C-13은 얼마 안 된다. 그런데 C-13은 풀에 상대적으로 많고 나무에는 적다. 풀을 많이 먹는 동물과 나무를 많이 먹는 동물은 어떨까? 생각한 대로다. 풀을 많이 먹는 동물은 나무를 주로 먹는 동물보다 몸 안에 C-13이 상대적으로 더 많을 수밖에!

만약에 어떤 육식동물의 이빨을 분석했을 때 C-13이 상대적으로 많다면 초원에 사는 동물을 잡아먹었다는 뜻이고, 반대로 C-13이 상대적으로 적다면 숲에 사는 동물을 잡아먹었다는 뜻이다. 이해되시는가? "You are what you eat(우리는 우리가 먹는 것으로 이루어졌다)"이라는 영어 속담도 있지 않은가.

스밀로돈의 이빨에는 C-13의 비율이 상대적으로 적다. 이것은 스밀로돈이 숲에 사는 초식동물을 주로 잡아먹었다는 사실을 말한다. 스밀로돈 역시 숲에 살았다는 뜻이다.

자연의 균형이 깨졌다

최근 1만 년 동안 모든 게 바뀌었다. 1만 년 사이에 지구 평균 기온이 4도 이상 올라갔다. 초목도 바뀌어 정신없는데 얼마 전에 아메리카 대륙에 들어온 두 발로 다니는 인간들은 그 혼란을 더했다. 겨우 늑대만 한 인간들이 감히 나와 먹이를 두고 다투었다. 이들은 매머드, 마스토돈, 메가테리움을 사냥했다.

처음에는 그냥 두었다. '저 작은 몸뚱이로 큰 동물을 어떻게 사냥하겠어?'라고 생각했다. 하지만 그들은 나보다도 쉽게 큰 동물을 사냥했다. 약이 올랐지만 '지들이 먹어야 얼마나 먹겠어?'라며 애써 별일 아니라고 여겼다. 우리는 정말 안이했다. 인간들은 대형 포유류 떼를 몰살시켰다. 이해할 수 없었다. 먹지도 못할 만큼 살해했다. 그래도 감히 나에게 덤비지는 않았으므로 또 '인간 따위가 내게 위협이 될 수는 없어!'라면서 모른 척했다.

인간의 수가 점차 늘자 대형 포유류가 급격히 줄었다. 풀과 나무를 탐색하고 식물의 성장을 조절하면서 이동해 열린 공간을 만들어주는 대형 초식동물이 사라지자 환경이 변화하기 시작했다. 숲의 밀도가 높아지고 식물 종의 구성이 바뀌면서 서식지 구조가 바뀌었다. 열린 공간에서 사냥을 하던 대형 포식 동물에게는 적합하지 않은 환경이 되었다.

그나마 꼬리가 짧은 나는 괜찮았다. 그런데 먹잇감이 사라졌다. 작은 동물도 먹이로 삼을 수 있는 표범아과나 고양이아과와 달리 우리 스밀로돈은 큰 동물 사냥에 특화되었다. 우리는 굶주림에 시달렸다. 생존에 필요한 충분한 먹이를 찾지 못하자 새끼가 살아남지 못했다. 개체 수가 줄자 짝짓기를 할 기회도 줄었으며 그 결과 다시 개체 수가 급격히 줄었다. 예전에는 그냥 어슬렁거리다 보면 다른 스밀로돈을 만날 수 있었고 그때가 마침 발정기라면 우리는 큰 고민 없이 짝짓기를 할 수 있었다.

거대 초식동물의 감소가 내 삶에 이렇게 큰 영향을 줄지 몰랐다. 한때 우리는 배부른 고민을 하고는 했다.

"갑자기 우리가 줄어들면 어떻게 될까? 거대 초식동물들이 너무 늘어서 이 초원이 황폐해지고 말 거야. 우리가 저들의 수를 적당히 조절해 주어야 해."

생태계는 섬세하게 관리되어야 한다. 그 섬세함은 먹이 피라미드의 균형에서 온다. 그런데 갑자기 균형이 깨졌다. 자연에 의한 것이 아니었다. 우리가 조절한 게 아니다. 우리는 하던 대로 했다. 인간 때문에 이렇게 되었다. 우리가 인간을 너무 쉽게 본 것이다.

나는 칼처럼 생긴 내 이빨이 자랑스러웠다. 큰 먹잇감을 치명적으로 물기에 완벽한 칼처럼 생긴 이빨은 내 자부심이었다. 하지만

찬란한 멸종

민첩성과 속도가 가장 중요한 세상이 되자 내 이빨은 이제 걸림돌일 뿐이다.

한때 거대 초식동물과 포식자를 포함한 수많은 종을 지탱하던 풍부하고 다양한 생태계는 조각조각 파편화되었다. 우리 스밀로돈의 생존에 필요한 자원이 부족해졌다. 우리만 이렇게 된 게 아니다. 생각 없이 거대 포유류를 사냥하던 인간들도 같은 문제에 봉착하게 되었다. 작고 느려터진 인간 역시 작고 빠른 동물보다는 크고 느린 동물을 사냥해야 한다. 우리가 사라지고 난 후 도구를 사용하는 사냥꾼 역시 사라질 게 뻔하다.

스밀로돈의 경고

저는 스밀로돈입니다. 유령이 되어 버린 우리 이야기를 통해 인간의 무분별한 행동이 어떤 결과를 초래할지 엄숙하게 경고하고자 합니다. 우리 스밀로돈의 멸종은 어떤 한 개의 충격적인 사건으로 일어난 게 아닙니다. 화산이 터졌다든지, 대륙이 합쳐졌다든지, 소행성이 충돌해서 일어난 사건이 아닙니다. 그런 사건으로 우리가 사라진다면 그 누구도 원망하지 않습니다.

우리의 멸종은 어처구니없게도 자연계에 미칠 자신의 영향을 간과한 인간 행동의 결과입니다. 인간은 끊임없이 과도하게 사냥하고 자연 경관을 변형시키고 또 자연의 섬세한 균형을 깨뜨렸습니다. 그 결과 우리의 먹잇감이 먼저 사라졌고 이제 우리 차례가 되었습니다. 과연 이 비극의 종착점이 우리일까요? 인간들은 어떻게 될까요? 인간이 도구를 잘 사용한다고 해도 우리보다 사냥을 더 잘하기는 어려울 텐데 말입니다.

인류 여러분, 여러분의 행동은 시공간을 뛰어넘어 현재뿐만 아니라 미래에도 영향을 미칩니다. 여러분이 살고 있는 세상은 조상들의 선택으로 형성된 과거의 그림자입니다. 역사의 기로에 살고 있는 여러분은 과거의 실수를 반복할 수도 있고, 모든 생명체를 존중하고 공존하는 새로운 길을 개척할 수도 있습니다.

과거의 유물인 스밀로돈이 인류 여러분에게 경고합니다. 과거의 교훈에 귀 기울이고 모든 생물이 번성할 수 있는 미래를 만들기 위해 노력하십시오. 자연계의 운명을 바꿀 힘은 여러분 자신에게 있습니다. 여러분이 남긴 유산은 다음 세대를 위한 세상을 정의할 것입니다.

집고양이가 스밀로돈 선배에게

저는 현대의 집고양입니다. 스밀로돈 당신을 편하게 선배라고 부를게요. 괜찮죠? 선배가 분류한 대로 집고양이는 고양잇과-고양이아과-고양이속 동물입니다. 21세기 인류의 '최애' 동물이죠. 최애 동물이라고 하면 혹시 인류가 우리 고양이 고기를 제일 좋아한다고 오해하실지 모르겠네요. 인류 역시 초식동물을 가장 좋아합니다. 양과 소가 대표적이죠. 돼지와 닭도 좋아하고요.

그런데요, 인류는 아주 특이한 생명체입니다. 그들은 당신의 걱정과는 달리 농사라는 걸 발명해서 살아남았습니다. 그냥 살아남은 정도가 아니라 80억 개 이상의 개체가 동시에 존재하기도 하죠. 지구 역사상 가장 성공적인 종입니다. 최고 포식자이면서 생물량도 가장 많아요. 당신은 절대로 이해하지 못할 일입니다. 농사란 그런 것입니다.

스밀로돈 선배님, 혹시 2300만 년 전부터 550만 년 전 지구에 일어난 기후변화를 기억하시나요? 선배님이 사라지기 직전과는 정반대의 현상이 일어났습니다. 당시 기후는 시원하고 건조해졌죠. 숲은 줄고 초원이 늘었습니다. 광대한 초원에서 풀을 먹는 초식동물이 본격적으로 진화했습니다. 먹잇감은 늘었는데 확 트인 풍경에서 사냥하는 일은 쉽지 않잖아요. 그때 은밀하게 행동하고 민첩하게 사냥하는 기술을 터득한 고양잇과 동물만 살아남았죠.

그때 대표선수가 바로 펠리스 리비카라고 하는 아프리카 들고양이였습니다. 펠리스 리비카는 원래 사막과 사바나 지역에서 번성했는데 자연스러운 위장, 야행성 습관, 고독한 사냥 습성이 있었어요. 날씬한 체격과 예리한 감각 같은 신체적 적응은 오랜 시간에 걸쳐

건조한 지역과 초목이 우거진 지역 모두에서 생존할 수 있었던 아프리카 들고양이 펠리스 리비카(위)의 유연성은 집고양이인 펠리스 카투스(아래)로 이어졌다.

험난한 환경에 적합하도록 연마되었습니다. 건조한 지역과 초목이 우거진 지역 모두에서 생존할 수 있었던 펠리스 리비카의 유연성이 결국 펠리스 카투스, 즉 집고양이, 바로 저에게 이어졌습니다.

펠리스 카투스 역시 다른 고양잇과 동물처럼 고독한 사냥꾼이었죠. 그런데 어쩌다가 우리 집고양이가 인간의 사랑을 받으면서 인간과 함께 살게 되었을까요? 놀랍지 않으세요?

스밀로돈 선배가 사라지기 딱 1만 년 전부터 지구의 평균 기온이 한꺼번에 4~5도가 상승했습니다. 이때 마지막 빙하기가 끝났고 이때 인간은 농사를 발명했습니다. 뭐, 인간이 똑똑해서 농사를 발명한 것은 아니고요. 지구에 처음으로 농사를 지을 수 있는 기후 환경이 만들어진 거죠.

농사는 농사고, 우리가 어떻게 인간이 가장 사랑하는 동물이 되었냐고요? 이게 참 오묘합니다. 수렵·채집과 농사의 결정적인 차이는 '잉여'입니다. 수렵한 고기와 채집한 과일은 저장할 수 없지만 농사로 수확한 곡식은 얼마든지 저장할 수 있어요. 선배님은 상상하지 못하실 테지만요. 뭐, 인간들이라고 이걸 다 상상한 것은 아니더라고요. 어떤 인간은 농사를 짓고 어떤 인간은 농사를 짓지 못해서 결국 사라졌으니까요.

농사라는 게 참 놀라워요. 가뭄이나 홍수보다 더 무서운 게 바로 '잉여'입니다. 잉여는 인간 세계에 재산, 빈부 차이, 계급을 만들어 냈습니다. 그리고 잉여는 쥐를 불렀지요. 쥐는 선배님처럼 민첩하지 못한 고양잇과 동물은 절대로 사냥할 수 없는 작은 포유류입니다. 농사의 발명은 쥐의 입장에서는 신의 선물이었습니다. 먹을 게 쌓여 있거든요. 또 안전했습니다. 스밀로돈 선배님도 못 잡는 쥐를 인간 따위가 잡을 리 없잖아요.

생태계가 참 대단해요. 인간 서식지에 쥐가 들끓자 우리 펠리스 카투스에게 인간 서식지가 매력적으로 보이는 거예요. 거기만 가면 사냥감이 널렸잖아요. 선배님이나 우리 같은 모든 고양잇과 동물에게는 접었다 펼 수 있는 접이식 발톱이 있잖아요. 먹이를 추적할 때는 발톱을 접어 넣고 푹신한 발바닥 패드로 조용히 쫓다가 결정적인 순간이 되면 강력한 뒷다리 근육과 유연한 허리를 이용해 단번에 먹잇감을 후려치는 거죠. 굳이 선배님처럼 거추장스럽게 긴 이빨이 있을 필요도 없어요. 펀치 한 방이면 됩니다.

인간은 참 재밌는 동물이에요. 한편으로는 거대 포유류를 싹 다 멸종시키고 서식지 환경도 맘대로 바꾸는 잔혹한 존재이지만 또 우리에게는 그렇게 잘해줘요. 집사도 이렇게 충실한 집사가 없어요. 우리는 일부러 거리를 두려고 하지만 우리에게 잘 보이려고 그렇게 노력을 한답니다. 예전에는 우리가 쥐라도 잡아줬지만 요즘은 그 짓도 안 하거든요. 그런데도 꼬박꼬박 물과 먹이를 챙겨주는 인간은 정말 귀여운 존재예요.

혹시 제 말 듣고서 스밀로돈 선배가 "난 왜 펠리스 카투스처럼 적응하지 못했을까?"라며 자책하지 않았으면 좋겠어요. 선배에게는 애초에 불가능한 일이었어요. 누가 호랑이만 한 스밀로돈을 가까이 두고 싶겠어요. 누가 검치호랑이라고 불릴 정도로 무서운 이빨이 있는 동물과 함께 지내려고 하겠어요. 선배님의 이빨은 한때 선배님의 자부심이었겠지만 세상은 변하는 거예요. 선배님 잘못이 아닙니다.

참, 인간들이 왜 우리의 하인 노릇을 그렇게 열심히 할까요? 저도 잘 모르겠어요. 다만 분명한 것은 이 모든 아이러니가 우리가 그토록 두려워하는 기후변화의 결과라는 것이지요. 기후변화는 누군가에게는 위기이고 누군가에게는 기회입니다. 뭐, 현대인들이 그걸 아는지는 모르겠지만요. 그들이 잘 버텨야 우리도 편히 오래 살 텐데 걱정이네요. 요즘 하는 걸 보면 그다지 똑똑하지 않은 것 같아서요. 어쩌면 우리 펠리스 카투스도 선배님의 길을 따라갈 날이 얼마 남지 않은 것 같아요. 에잇, 잘 좀 하지!

처음 보는
사냥꾼이 나타났다

서리 내린 땅 위로 비친 아침 햇살이 얼어붙은 내 털을 녹이며 잠을 깨운다. 코로 들어온 차가운 공기는 허파를 거쳤다가 다시 코를 통해 구름처럼 뿜어져 나와 아침 안개와 섞인다.

나는 우두머리다. 오늘도 무리를 이끌고 앞으로 닥쳐올 어려움을 헤쳐나가야 한다. 우리는 먹이를 찾는 일로 하루를 시작한다. 서식지에는 초원과 한대림이 섞여 있다. 우리가 제일 좋아하는 먹이는 풀이다. 길고 구부러진 엄니를 이용해 눈을 치우고, 풀과 관목의 낮은 나뭇가지에서 생존을 위해 먹이를 구한다. 우리는 능수능란하게 몸을 움직여 식물을 잡아당겨 뿌리까지 뽑을 수 있다.

우리 무리는 긴밀하게 연결된 사회를 구성하며 살아간다. 나는 무리를 이끌 뿐만 아니라 어린 새끼들을 가르치고 갈등을 해결하는 중요한 역할을 한다. 우리는 다양한 방법으로 의사소통을 한다. 아침 인사에서부터 경고에 이르기까지 모든 것을 구분하는 깊고 우렁찬 울음소리를 풍부하게 낼 수 있다. 그뿐 아니라 발을 굴러서 내는 진동으로도 의사소통이 가능하다.

해가 높이 떠오르면 우리는 이동한다. 구불구불한 언덕, 얼음처럼 차가운 시냇물, 울창한 숲 같은 다양한 풍경 속을 다닌다. 우리의 먹이 활동은 단지 우리만을 위한 것이 아니다. 우리가 이동해 새로운 먹이터를 찾는 까닭은 한 곳에서 너무 많이 먹지 않기 위해서다. 우리는 초원을 가꾸는 농사꾼이다.

배를 채운 오후가 되면 우리는 쉰다. 절대로 필요 이상으로 먹지 않는다. 어미들은 쉬면서 털에서 먼지와 기생충을 제거한다. 우리에게는 손이 없다. 당연히 코를 이용해 서로를 손질한다. 코로 더듬으면서 무리의 냄새를 익히고 애정을 쌓는다(암컷과 수컷의 애정 관계가 아니다. 성장한 수컷은 무리를 떠나 혼자 살아간다). 휴식과 몸단장을 통해 우리는 유대감을 강화한다. 모든 동물이 그렇지만 우리 새끼들도 부산스럽다. 잠시도 가만히 있는 일이 없다. 새끼들은 갓 돋기 시작한 엄니를 사용해 자기네끼리 장난기 어린 스파링을 펼친다. 모의 전투를 통해 유대감을 강화하고 사회적 서열을 정하며 포식자들과 대항하는 법을 배우는 것이다.

어둠이 내리면 우리는 안전한 장소를 찾아서 쉰다. 서로 가까이 붙어 체온을 유지하고 보호막을 형성해 그 안쪽에 새끼를 넣어 지킨다. 초원의 밤은 부드러운 숨소리와 가끔 들리는 코골이 소리로 가득 찬다. 우리의 장엄한 하루는 매일 평화롭게 마무리된다.

그 정도로 크진 않다고!

우리의 정체는 털매머드. 과학자들은 우리를 맘무투스 프리미게니우스Mammuthus primigenius라고 부른다. 속명 맘무투스는 '지하 세계'를 지칭하는 시베리아 단어 '마모트'에서 왔고 종명 프리미게니우스는 라틴어로 '장자' 또는 '원조'라는 뜻이다. 하지만 이건 우리를 처음 발견한 현대인의 오해에서 비롯된 것이다. 우리는 원조가 아니다.

현대인들은 매서운 북극 바람에 빽빽한 긴 털을 휘날리고 있는 거대한 매머드가 광활한 얼음 툰드라를 배경으로 실루엣을 드러낸 장엄한 모습으로 우리를 그린다. 오해다. 우리에 대해 그들은 정말 많은 오해를 하고 있다. 현대인들은 뭔가 커다란 게 있으면 우리 이름을 붙이려고 한다. 심지어 가끔은 매머드도 아니고 맘모스라고 붙인다. 맘모스빵, 매머드급 아파트 단지, 매머드급 선대위원회 같은 식으로 말이다. 그런데 현대인들이 오해한 것이다. 우리는 생각

찬란한 멸종

털매머드 화석(폴란드 국립지질연구소박물관). 몸길이 5~6미터, 어깨높이 3미터, 체중 5톤 정도로 아시아코끼리와 엇비슷한 크기이고 아프리카코끼리보다는 많이 작다.

보다 크지 않다.

우리는 코끼리의 한 종류다. 장비목長鼻目에 속한다. 코가 긴 동물이라는 뜻이다. 굳이 따지자면 아시아코끼리와 더 가깝다고 할 수 있다. 아프리카코끼리에서 아시아코끼리가 갈라섰고, 그 후 아시아코끼리에서 우리 매머드가 갈라져 나왔으니 말이다. 그러니 우리를 원조라고 부를 필요는 없다.

덩치도 그리 크지 않다. 아시아코끼리는 몸길이 5~6미터, 어깨높이 2.5~3.5미터, 체중 3~5톤 정도다. 지상 최대 육상동물로 남게 되는 아프리카코끼리는 몸길이 6~8미터, 어깨높이 3.5~4미터, 체중은 6~10톤에 이른다. 우리 털매머드는 몸길이 5~6미터, 어깨높이 3미터, 체중 5톤 정도로 아시아코끼리와 엇비슷한 크기이고 아프리카코끼리보다는 많이 작다.

물론 더 커다란 매머드도 있다. 아메리카 대륙에 살았던 컬럼비아매머드는 우리보다 덩치가 훨씬 크다. 그런데 컬럼비아매머드에게는 우리처럼 긴 털이 없다. 그곳은 따뜻하기 때문이다. 따뜻한 곳에는 털이 별로 없는 다른 종의 매머드와 다른 장비목 동물들이 산다. 그러니까 현대인이 생각하는 매머드는 실제로 존재한 매머드가 아니다. 빙하기 대표 선수인 시베리아 털매머드의 털과 아메리카 컬럼비아매머드의 덩치를 합친 가상의 동물이다.

우리 털매머드는 코끼리와 많이 다르게 생겼다. 우선 머리 위에 커다란 혹이 있다. 에너지를 저장한 지방 덩어리다. 또 코끼리와는

달리 귀가 작다. 덕분에 열 손실을 크게 줄일 수 있다. 추운 곳에 사니 당연히 털이 많다. 추운 기후에서 살아내려는 적응의 결과다.

진짜 거대한 동물들

우리가 살던 시대의 지구에는 거대한 포유동물이 많이 살았다. 우리는 신생대 제4기 홍적세(플라이스토세)에 살았다. 대략 258만 년 전에서 1만 2000년 전까지의 지질시대다. 인류사로 따지면 오스트랄로피테쿠스에서부터 구석기 시대까지라고 보면 된다(신석기 시대가 한창인 4000년 전까지도 살아서 버틴 최후의 몇 마리가 있기는 하다).

대형 포유류는 생태계를 지배하며 환경을 형성하는 중요한 역할을 한다. 몸무게가 44킬로그램 이상인 포유류를 흔히 대형 포유류라고 부른다. 이 이야기를 들으면 호모 사피엔스는 깜짝 놀랄 것이다. "뭐, 우리 인간이 대형 포유류라고?" 하면서 말이다. 대부분의 포유류는 쥐와 토끼 정도의 크기다. 주위를 둘러보시라. 당신들보다 커다란 동물이 보이는지. 아마 서식지에서 당신들이 가장 클 것이다. 그리고 당신들보다 지구에 더 큰 영향을 미치는 동물도 없다.

우리가 활동한 홍적세에는 간빙기가 잠깐씩 오기는 했지만 대부분의 기간에 지구 전체의 날씨가 추웠다. 추운 시절 지구에는 덩치가 커다란 포유류가 많았다. 우리와 비슷하게 생긴 마스토돈도 살았다. 그런데 우리가 툰드라와 초원을 누빈 것과는 달리 마스토돈은 숲이 우거진 지역에 살았다. 뾰족한 이빨이 있어서 나뭇잎과 나뭇가지를 먹기 좋았기 때문이다. 아메리카 대륙에는 현대 나무늘보의 친척인 메가테리움이 살았다. 메가테리움은 느리게 움직이지만 큰 몸집과 강력한 발톱 때문에 매우 위협적인 동물이다.

하지만 마스토돈과 메가테리움이 얼마나 크든 사실 나와는 상관없다. 아주 멀리 떨어져 있어서 마주친 적조차 없으니 말이다. 그보다 눈에 거슬리는 다른 녀석이 있는데, 털코뿔소가 바로 그놈이다.

털코뿔소 화석 복원본(폴란드 국립지질연구소). 뒤로 보이는 털매머드보다 덩치는 작지만 청각과 후각이 발달해 먹이 경쟁에서 치열하게 대립했다.

털코뿔소는 이름 그대로 털이 많으며 현대 코뿔소처럼 풀을 먹고 산다. 그리고 우리 매머드가 아프리카코끼리보다 작은 데 반해, 이 녀석들은 현대 코뿔소보다 훨씬 크다.

몸길이는 3.6미터, 어깨높이 1.6미터, 체중 1.5~2톤 정도로 우리보다는 작지만 그래도 우리가 털코뿔소를 보는 것은 현대 아프리카코끼리가 코뿔소를 보는 것과는 사뭇 다를 수밖에 없다. 왜냐하면 거대한 뿔 때문이다. 털코뿔소는 1미터가 넘는 긴 뿔로 눈을 파헤쳐서 풀을 먹는다. 시력은 나쁘지만 청각과 후각이 발달해 좋은 먹이를 잘도 파먹는다. 게다가 성질도 사납다. 털코뿔소는 우리와 자주 대립할 수밖에 없었다.

우리 엄니는 이빨이다. 그래서 화석으로 온전히 보존된다. 이와 달리 털코뿔소의 뿔은 사람의 손톱이나 털 같은 케라틴 성분이다. 그래서 화석화되어 남지 않는다. 하지만 현대인들은 우리와 털코뿔소의 모습을 온전히 알 수 있다. 왜냐하면 우리와 함께 살고 있는 구석기인들이 동굴이나 암벽에 그려놓았기 때문이다. 호모 사피엔스는 특별한 재주가 있다. 자기네가 존경하는 대상을 그림으로 그린다(라고 우리는 믿는다).

식물 생태계는 우리가 지킨다

생태계의 모든 구성원은 자신도 모르는 사이에 생태계에서 중요한 역할을 담당한다. 그게 자연의 법칙이다. 얼음과 서리의 땅에서 우리 털매머드는 단순한 생존자가 아니라 핵심적인 종이다. 우리는 나무를 뽑아 공터를 만들고 엄니를 이용해 눈 밑에 있는 영양분이 풍부한 풀을 파헤치면서 새로운 지형을 형성한다. 우리는 움직일 때마다 환경을 바꾼다.

우리 매머드와 마스토돈 같은 대형 초식동물들은 식물 군집의 균형을 유지하는 데 결정적인 역할을 한다. 우리는 풀을 뜯고 나무를 솎으면서 어느 지역에 한 종이 지나치게 우세해지는 것을 막는

찬란한 멸종

다. 덕분에 우리가 다니는 곳은 생물 다양성이 높아진다.

우리는 생명의 운반자다. 손도 없이 뭘 어떻게 운반하냐고? 모르는 소리 하지 마시라. 우리는 서식지를 끊임없이 옮긴다. 당신들도 마찬가지겠지만 우리도 먹으면 똥을 눈다. 식물들의 씨앗은 우리 뱃속에서 소화되지 않고 똥과 함께 새로운 장소에 떨어진다. 우리 똥은 광활한 땅을 기름지게 만든다. 우리가 움직인다는 것은 종자와 거름을 새 땅에 공급한다는 걸 의미한다.

우리가 식물 생태계의 균형을 맞춘다고 하면 "너희가 너무 많아지면 결국 식물들이 다 사라지는 것 아냐?"라고 꼭 따지는 사람이 있다. 잘 들어라. 우리는 최고 포식자가 아니다. 우리가 식물 생태계를 조절하는 동안 우리의 개체 수를 조절하는 생명들이 또 있다. 우리는 동굴사자 같은 거대 육식 포유류의 좋은 먹이이기도 하다.

2010년 몰도바 우표에 그려진 동굴사자 상상도. 털매머드 같은 대형 초식 포유류는 식물 생태계의 균형을 맞추고 동굴사자 같은 대형 육식 포유류는 초식 포유류의 개체 수를 조절한다.

동굴사자는 아무나 노리지 않는다. 우리 가운데 늙은 개체, 아픈 개체를 주로 공격한다. 감히 새끼를 노린다든지 젊고 강한 개체를 공격했다가는 뼈도 못 추릴 수 있다. 우리가 목숨 걸고 지키기 때문이다. 다행히 동굴사자는 그런 어리석은 일을 자주 하지는 않는다. 그리고 괜히 여러 마리를 공격해 상처 입히지도 않는다. 동굴사자가 먹이를 신선하게 보존하는 가장 좋은 방법은 우리 매머드를 살려놓는 것이기 때문이다.

얼었다가 녹기를 반복하는 땅

요즘 공기는 확실히 이전과는 다르다. 더 따뜻하고 낯선 향기를 풍긴다. 수만 년 동안 우리 조상들은 거대한 엄니로 눈밭에서 길을 개척하면서 드넓은 초원을 누볐다. 하지만 눈은 점점 사라지고, 단단한 툰드라는 축축하게 변하고 있다. 우리가 의존하던 풀은 점점 줄어들고 있다. 그 자리를 낯선 나무가 자라는 숲이 차지해 간다.

매일 새벽이면 주린 배를 채울 생각에 무리를 이끌고 익숙한 먹이 장소로 향한다. 하지만 도착하자마자 마음이 가라앉는다. 한때 풍성했던 풀은 이제 덤불이나 어린나무와 엉킨 채 드문드문 자라고 있을 뿐이다. 새끼들은 먹을 것을 찾기 위해 작은 엄니로 필사적으로 땅을 더듬으면서 고군분투한다. 어미들도 마찬가지다. 우리에

찬란한 멸종

게는 먹을 풀이 더 많이 필요하다. 매일 먹을 것이 풍성해 무리가 번성하던 시절이 기억난다. 그땐 새끼들이 끝없이 펼쳐진 풀밭에서 튼튼하게 자랐다.

발밑의 땅이 이상하게 느껴진다. 계절의 리듬도 바뀌었다. 늘 얼어 있어서 예측 가능했던 대지는 이제 녹아 움직이다가 다시 얼기를 반복하는데 그 리듬을 예측할 수 없다. 진흙과 얼음이 우리 발걸음을 묶어두는 일도 잦아졌다. 그때마다 우리는 굶주린다. 살아남는 새끼도, 태어나는 새끼도 계속 줄어들고 있다. 선조들 때부터 내려오던 계절에 따른 이동 루틴이 우리도 모르는 사이에 서서히 바뀌고 있다.

지혜로운 늙은 매머드들은 다른 생각을 하고 있다. 낯선 발자국이 보이기 때문이다. 발자국 간격으로 보아 크지도 않고 빠르지도 않은 동물이다. 그런데 함께 찍힌 발자국 수가 포식자라고 하기에는 너무 많고 우리처럼 풀을 먹는 동물 집단이라고 하기에는 너무 적다. 정체가 불분명하다. 잘 모르면 두려운 법. 늙은 매머드들은 불안을 감지한다. 불안은 새끼들에게 전염된다. 우리는 먹이와 쉴 곳을 찾고 짝짓기를 하는 데 에너지를 집중하지 못한다.

그래도 밤이 되면 새끼와 늙은 매머드들은 속삭이는 바람 소리, 삐걱거리는 얼음 소리, 그리고 멀리서 들리는 늑대의 울음소리를 자장가 삼아 잠이 든다. 나는 다른 무리의 발길이 닿지 않은 풀밭, 마시고 쉴 수 있는 맑은 시냇물을 만났던 순간을 떠올리며 하루하루 작은 승리의 순간이 있었음을 기억한다. 그래도 내 몸집보다 더 큰 책임의 무게가 나를 짓누르는 건 어쩔 수가 없다.

미스터리한 생명체의 발견

어느 날인가는 풀밭에서 우리와 똑같이 생긴 작은 돌조각과 나무조각을 보았다. 돌과 나무로 된 매머드가 있을 리는 없고 누군가가 우리를 조각한 것이다. 아니, 누가 이런 재주를 가졌을까? 우리가 모르는 재주꾼이 있다는 것은 두려운 일이다.

그뿐만이 아니다. 거대한 암벽 옆을 지나면서 우리는 놀라운 광경을 목격했다. 벽에 우리의 모습이 새겨져 있었던 것이다. 때로는 색깔까지 칠해져 있다. 물론 아주 작게. 하지만 놀라울 만큼 상세히 묘사했다. 마치 우리를 섬기는 것처럼 말이다. 아니, 누가 우리를 이리도 소중히 여기는 것일까? 늙은 매머드들은 그들과 만날까 봐 걱정했고 새끼들은 그들을 만나고 싶어 했다.

환경이 바뀌면서 우리를 위협하는 동물의 냄새도 바뀌었다. 늑대와 동굴사자 냄새는 항상 두려웠지만 익숙했다. 그런데 이제는 날카롭게 매운 냄새가 바람을 따라 날아온다. 내 본능에 따르면 감히 우리를 공격할 수 없는 자들의 냄새다. 하지만 불안하다. 약하지만 잔인한… 뭔가 자연스럽지 않은 냄새다.

찬란한 멸종

우리는 궁금증을 참지 못하고 냄새를 쫓아간다. 그리고 공포에 질린다. 거기에는 매머드 엄니와 뼈 무더기가 몇 개나 있다. 매머드를 죽이고 사체에서 정교하게 발라 낸 뼈를 높이 쌓아 둥지를 만든 것이다. 둥지를 만든 이들은 모두 떠나고 없다. 하지만 그들은 많은 것을 남겨 놓았다. 잘게 썬 매머드 고기, 이 가운데 일부는 불에 타 있다. 잘게 쪼개어 꿰맨 매머드 가죽. 돌과 나무, 그리고 풀로 만든 뭔지 모를 것들도 있다.

우리는 깨달았다. 이 둥지를 만든 동물이 바로 우리를 조각하고 그림을 그린 존재라는 사실을 말이다. 도대체 그들은 얼마나 큰걸까? 둥지의 크기를 보건대 동굴사자보다 훨씬 큰 게 분명하다. 혼란스럽다. 발자국은 작은데…. 그들이 남기고 간 것을 보면 재주가 보통이 아니다. 뼈를 발라낸 모양을 보니 이빨과 발톱과 혀는 엄청나게 강할 것 같다. 그리고 고기를 남겨둔 것으로 보아 굉장히 탐욕스러운 존재다. 필요 이상으로 사냥했다는 뜻이니까.

그런데 납득되지 않는 게 있다. 불의 흔적이다. 최근 이곳에 산불이 난 적이 없는데 둥지 옆에는 불구덩이가 있고, 불에 탄 고기들이 널려 있다. 이 불은 어디에서 난 것일까? 혹시 그들이 만든 것일까? 설마. 아니면 산불에서 얻은 불을 가지고 다니는 걸까? 그들은 불이 무섭지 않은가? 이해할 수 없다. 아무래도 그들을 만나지 않는 게 상책일 것 같다. 그들의 둥지를 탐색하면서 우리는 그들의 냄새를 확실하게 기억하게 되었다. 날카로우면서 매운 냄새. 이 냄새가 멀어지는 쪽으로 나는 무리를 이끌어야 한다. 이제 물 냄새보다 이 냄새에 더 신경을 써야 하는구나.

작고 약한 포식자

결국 그 동물을 만나고 말았다. 딱 네 개체밖에 되지 않았지만 그 특유의 냄새로 알아차렸다. 냄새의 주인공은 생각과는 달리 터무니없을 정도로 작았다. 늑대 정도의 크기다. 몸에 털이라고는 머리에 난 걸 빼면 거의 없다. 이 추위를 어떻게 견디는지 모르겠다. 이 불쌍한 존재를 우리가 왜 두려워한 걸까?

처음에는 숨죽이고 그들을 살펴보다가 우리는 어느 순간 참지 못하고 긴 코를 이용해 커다란 안도의 한숨을 크게 내쉬었다. 그러자 네 개체는 놀랐는지 도망치기 시작했다. 이때 우리는 깨달았다. 그들은 새처럼 두 발로 걷는다. 날개 대신 달린 앞발에는 저마다 다른 뭔가가 달려 있다. 어떤 것은 작고 어떤 것은 크다. 또 어떤 것은 돌로 되어 있고 어떤 것은 나무로 되어 있다. 우리는 그들을 '인간'이라고, 그들이 앞발에 들고 있는 것은 '도구'라고 부르기로 했다. 이름을 붙이자 그들의 정체가 명확해졌다.

우리는 그들과 반대 방향으로 가야 했다. 하지만 우리는 그들이 궁금했다. 동굴사자나 늑대 떼라면 무리 한가운데에서 아장댔을 새끼들이 감히 앞장섰다. 부산 떠는 새끼를 보자 불안한 느낌이 엄습했다. 그들이 매복하고 있을지도 모르기 때문이다. 매복은 모든 사냥꾼의 기본 전술 아니던가. 늙은 매머드들도 별생각이 없는지 따라나섰기에 나도 주변을 살피며 점차 속도를 냈다.

왜 불길한 예감은 틀리지 않는가. 앞장선 새끼 한 마리가 갑자기 땅속으로 꺼졌다. 인간들이 구덩이를 파고 나뭇가지와 나뭇잎으로 덮어 위장을 해놓은 것이다. 다행히 다른 새끼들은 구덩이를 피해 옆으로 지나갔다. 곧 다른 새끼 한 마리가 기다란 넝쿨로 만든 올무에 다리가 걸려 넘어졌다. 일어설 수도 없는 상태였다.

보통의 경우라면 이제 나머지는 안전하다. 충분한 먹이를 확보한 사냥꾼이 위험을 감수하며 우리와 싸우려고 하진 않을 테니 말이다. 늙은 매머드들은 구덩이에 빠진 첫 번째 새끼를 포기하고 올무에 걸린 두 번째 새끼를 구하려 했다. 그런데 이때 전에 봤던 인간의 둥지가 생각났다. 둥지를 짓는 데는 매머드의 뼈가 많이 필요해 보였다. 그렇다면 그들은 우리도 노릴 것이다. 나는 소리쳤다.

"도망쳐야 해요! 이놈들은 닥치는 대로 사냥한다고요!"

우리는 반대 방향으로 달리기 시작했다. 그때 어디서 나타났는지 수십 개체의 인간들이 소리치며 쫓아왔다. 동굴사자에 비하면 그들은 약했지만 숫자가 많았다. 또 그들 손에는 여러 도구가 달려 있었다. 그들은 우리에게 돌과 창을 던지며 활을 쏘았다. 거기에 맞아 죽을 우리가 아니다. 다행히 그들은 동굴사자에 비하면 느려 터졌다. 조금만 더 달리면 그들의 위협에서 벗어날 수 있다.

인간 무리를 따돌렸다고 느낄 때쯤 또 다른 무리가 옆에서 나타 났다. 어느덧 우리가 왔던 길이 아니라 낯선 길로 들어서게 되었다. 평소라면 이런 상황에서 우리가 택하는 전술은 크게 두 가지다. 새 끼와 늙은 매머드를 안쪽에 두고 둥글게 방벽을 세운 채 버티든지 아니면 사방으로 흩어지는 것이다.

비참한 최후를 맞이하다

누구에게나 계획은 있다. 정신없이 두들겨 맞기 전까지는.

그들에게는 우리의 계획을 보잘것없게 만드는 비장의 무기가 있 었다. 그들이 횃불을 휘두르기 시작했다. 우리는 첫 번째 전술은 써 보지도 못하고 포기할 수밖에 없었다. 불은 무서운 것이다. 불 속에 갇히면 우리뿐만 아니라 동굴사자나 늑대도 꼼짝없이 죽는다. 몸에 불이 붙지도 않았는데 숨이 막혀 죽은 다른 동물들의 사체를 우리 는 무수히 보았다. 둥글게 방벽을 세우고 버티는 것은 그냥 불구덩 이에 뛰어드는 것과 마찬가지다. 남은 전술은 하나다.

"사방으로 흩어져!"

나는 크게 외쳤다. 그런데 흩어질 사방이 없다. 인간들은 우리를 한쪽이 강으로 막혀 있는 좁은 계곡으로 몰아넣었다. 벌써 동료들이 쓰러지고 있다. 몇 마리라도 살아남아야 후손을 남길 수 있다. 다행히 앞쪽에는 인간이 없다. 방법이 없다. 그쪽을 향해 무조건 달려야 한다. 그런데 갑자기 눈앞이 하얘졌다. 발밑으로 아무것도 느껴지지 않았다. 우리는 자유롭게 낙하했다. 추락이다.

대부분의 매머드는 추락과 동시에 죽었다. 나를 비롯해 살아남은 개체도 숨만 붙어 있을 뿐 꼼짝도 못 했다. 온몸이 부서졌기 때문이다. 나는 눈앞에서 인간들이 하는 짓을 목격했다. 일부는 우리의 껍질을 벗기고 살을 발라냈다. 일부는 불을 피웠다. 이제 우리는 그들의 먹이가 되고, 옷이 되고, 둥지가 되고 도구가 될 것이다. 흥겹게 춤을 추는 인간의 모습을 망막에 간직한 채 내 눈은 감기고 말았다.

어느 인간이 나중에 이렇게 말했다고 한다.

"행복한 가정은 모두 비슷한 이유로 행복하지만 불행한 가정은 저마다의 이유로 불행하다."

나는 대형 포유류를 대표해서 이렇게 말하고 싶다.

"행복한 대형 포유류는 모두 저마다의 이유로 평화롭게 살지만, 불행한 대형 포유류는 모두 같은 이유로 멸종한다. 바로 인간 때문이다."

거의 모든 것을 파괴한
불덩어리

지금 북아메리카의 풍경은 그 어느 때보다 아름답다. 물론 육상의 지배자인 내가 보기에 그렇다는 뜻이다. 양치식물과 겉씨식물이 우뚝 솟은 광활한 숲이 눈 닿는 곳까지 뻗어 있으며, 대지 위에서는 온순한 생명들의 울음소리와 포효로 구성된 교향곡이 펼쳐진다.

나는 '티란'이다. 이름만 봐도 짐작하겠지만 티라노사우루스 렉스Tyrannosaurus rex다. 공룡 주제에 무슨 이름이냐고? 우리 정도 되면 이름이 있다. 나의 유명한 티라노사우루스 친구들부터 소개하겠다.

'블랙 뷰티'. 화석이 망간을 흡수해 아름다운 검은빛을 띠게 되었다고 이런 멋진 이름이 붙었다. 외모지상주의에 빠진 인간의 허영

심을 보는 것 같아서 쓸쓸하지만 내가 보기에도 아름다운 것은 사실이다. 아마 인간들에게 가장 유명한 친구는 33세로 죽은 육중한 몸매의 '수'일 것이다. 발견자인 고생물학자 수 핸드릭슨의 이름을 딴 것이다. 1997년 836만 달러에 팔렸다. 으흠, 우리가 좀 비싸다. 12미터짜리 '스탠'은 골격의 85퍼센트가 남아서 실제 우리의 무게와 움직임, 치악력에 대한 다양한 실험을 인간들이 할 수 있었다. 2020년 3180만 달러에 팔렸다. 스탠은 날씬했다.

어떻게 같은 티라노사우루스인데 누구는 육중하고 누구는 날씬하냐고? 이걸 보고 어떤 고생물학자는 육중한 것은 암컷, 날씬한 것은 수컷이라고 주장했다. 알을 낳으려면 골반 사이의 공간이 넓어야 한다는 거다. 그런데 말이다. 우리 티라노사우루스는 덩치에 비해 알이 매우 작다. 굳이 알 때문에 골반을 키울 필요는 없다. 나도 스탠과 수 중 누가 수컷이고 누가 암컷인지 모른다.

그러니 너무 크게 고민하지 마라. 인간이라고 다 똑같지 않지 않은가? 키 큰 사람이 있는가 하면 작은 사람도 있고, 뚱뚱한 사람이 있는가 하면 날씬한 사람도 있다. 몸집만 그런 게 아니라 골격에서도 차이가 난다. 우리 티라노사우루스도 마찬가지다. 인간들의 책에 보면 키, 몸무게, 무게가 하나로 나오는데 그럴 리는 없지 않은가? 대략 크다고만 생각하면 된다. 현재까지 발견된 티라노사우루스 중에 가장 큰 개체는 1991년 발견된 '스코티'다. 몸길이가 13미터, 체중은 10.4톤이나 나갔다.

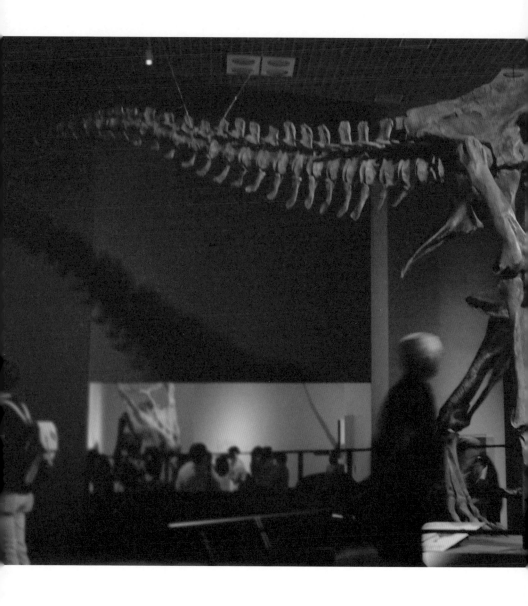

196   찬란한 멸종

: 티라노사우루스 '스코티'의 화석 복제품(일본 도쿄국립과학박물관). 현재까지 발견된 티라노사우루스
중에 가장 큰 개체로, 길이가 13미터, 체중은 10.4톤이나 나갔다.

육중하지만 날렵한 티라노사우루스

스탠이 날씬하다고 했지만 그건 우리끼리 하는 말이지 그 누가 보더라도 우리는 육중하다. 사람 100명이 모여도 우리보다 가벼우니 말이다. 그러다 보니 우리가 아주 둔한 동물이라고 착각하는 사람들이 있다. 우리는 거대한 몸집이지만 균형과 민첩성이 완벽하게 조화를 이룬다. 우리는 꼬리를 질질 끌고 다니지 않는다. 머리를 낮추고 꼬리를 들어 온몸이 거의 수평에 가까운 자세를 취한다. 우리가 남긴 발자국 화석을 잘 보시라. 꼬리가 끌린 흔적이 나오지 않는다. 우리는 커다란 머리와 육중한 몸을 굵은 다리로 버티고 꼬리를 뒤로 쭉 뺀 자세로 중심을 잡는다.

물론 우리는 달리기는 못한다. 달린다는 것은 동시에 두 발이 공중에 떠 있는 순간이 있다는 뜻이다. 하지만 느리지도 않다. 빨리 걷기 때문이다. 우리는 시속 30킬로미터로 걷는다. 그 정도면 느린 거라고? 아니다. 우리는 손흥민 선수만큼 빨리 걷는다. 우리는 빠르다. 빠르다는 건 사냥꾼의 자질이 있다는 뜻이다.

사냥은 속도로만 하는 게 아니다. 먹잇감을 먼저 잘 찾아야 한다. 우리의 턱 아랫부분에는 구멍들이 있다. 신경 혈관이 지나는 자리다. 이것은 주둥이의 촉각이 예민하다는 뜻이다. 우리는 후각도 타의 추종을 불허할 정도였다. 내 뇌를 보면 알 수 있다.

뇌는 연한 조직이라서 화석으로 남지 않는데 뇌를 어떻게 알 수 있냐고? 맞다. 뇌는 화석으로 남기 어렵다(어렵다고 안 되는 것은 아니다. 화석으로 남은 목 긴 공룡 뇌가 하나 있기는 하다). 하지만 뇌가 든 공간은 뼈로 되어 있으니까 화석으로 남을 수 있다. 그 공간을 '뇌함'이라고 한다. 만약 외계인이 인간의 장갑을 보면 손이 어떻게 생겼는지 알 수 있을 것이다. 마찬가지로 뇌함을 보면 뇌의 모양과 크기를 알 수 있다.

인간들은 뇌함을 CT 촬영한 후 3D 프린팅으로 복원해 연구했다. 우리도 모르던 사실을 많이 알아냈다. 우리 뇌 앞부분에는 냄새를 감지하는 후각망울이 있다. 티라노사우루스 뇌의 4분의 1 정도를 차지한다. 엄청나게 큰 것이다. 사람의 후각망울은 엄지손톱만 하다. 이것은 우리가 냄새를 잘 맡는다는 뜻이다. 사냥개 못지않다.

뇌에는 뇌신경이 연결되어 있다. 이 가운데 시신경은 눈알로 연결된다. 우리 티라노사우루스의 눈은 테니스공 크기다. 크다. 크면 그만큼 빛을 많이 받아들이고 잘 볼 수 있다. 인간은 기껏해야 1킬로미터 밖까지 볼 수 있지만 우리는 6킬로미터 밖의 사물도 구분할 수 있다. 게다가 우리 두 눈은 정면을 향하고 있다. 거리도 정확히 측정한다는 뜻이다.

나를 한 번이라도 보거나, 듣거나, 냄새 맡은 동물은 내가 최고 포식자임을 알아차린다. 이것은 인간도 마찬가지였다. 오죽하면 우리의 이름을 티라노사우루스 렉스라고 지었겠는가. '티란tyran'은 폭군이란 뜻이고 '사우루스saurus'는 '도마뱀'이라는 뜻이다. 뭐, 우리가 도마뱀은 아니지만 그것은 당시 인간이 무식했던 것이니 이해하겠다. 종명 '렉스rex'는 라틴어로 '왕'이라는 뜻이다. 인간들은 우리를 간단하게 '티렉스'라고 부른다(한국 사람들은 '티라노'라고 부르기를 좋아한다).

균형 잡힌 공룡 생태계

나는 해가 뜨고 체온이 오르면 하루를 시작한다. 첫 일과는 영토 순찰. 나는 (아무도 본 사람은 없지만) 호박색 눈을 가진 지능이 뛰어난 공룡이다. 주변 환경을 항상 예민한 감각으로 인식하고 있다. 우리 생태계를 지탱하는 섬세한 균형을 지키기 위해서다. 내가 영토를 순찰하는 것만으로도 라이벌이나 위협적인 요소들이 내 영역을 침범하지 못하게 하는 분명한 신호가 된다.

에드몬토사우루스 무리는 오늘도 숲 그늘에서 풀을 뜯고 있다. 그들은 식물 씨앗을 퍼뜨리고 식물 다양성을 유지시키는 매우 중요한 존재다. 나는 초식공룡 무리의 건강이 내 생존에 직접적인 영향을 미친다는 사실을 잘 알고 있다. 초식공룡이 줄어들면 내 먹이가 줄어든다는 것을 의미하기 때문이다.

하지만 때로는 그들을 공격해 잡아먹는다. 단순히 내 배를 채우기 위해서만은 아니다. 생태계 균형을 위해서다. 에드몬토사우루스

200

의 수가 너무 많아지면 초목이 급격히 줄어들어 내가 지배하는 생태계가 위협을 받기 때문이다. 그런데 내 먹잇감으로는 너무 크다. 솔직히 에드몬토사우루스는 좀 두렵기도 하다. 하지만 난 생태계 균형을 위해 목숨을 걸고 사냥한다.

저번에는 에드몬토사우루스를 기습 공격해서 꼬리를 덥석 물었는데 어찌나 힘이 센지 꼬리 힘에 내가 나가떨어지고 말았다. 적지 않은 부상을 입었고 회복하는데 꽤 걸렸다. 그놈 꼬리에는 아직도 내 이빨이 박혀 있을 것이다.

에드몬토사우루스를 보면서 이런저런 궁리를 하는 내 존재를 눈치챈 트리케라톱스 무리가 에드몬토사우루스 뒤쪽 평원으로 조심

티라노사우루스에게 꼬리를 물린 흔적이 남아 있는 에드몬토사우루스 화석 복원본(미국 덴버자연사박물관). 몸길이 10~12미터에 몸무게는 3.5~4.4톤이나 되는 공룡이었다.

스럽게 이동한다. 저들 무리의 우두머리는 '트리스타'라는 늙은 암컷이다. 그녀는 무리를 이끌며 수많은 난관을 헤쳐왔다. 트리스타는 예민한 감각으로 항상 경계하며 잠재적인 위협에서 새끼를 보호한다. 물론 가장 큰 위협은 바로 나다.

에드몬토사우루스와 트리케라톱스 무리는 들판을 가로질러 이동하면서 각기 자기가 좋아하는 식물을 주로 먹는다. 덕분에 비교적 좁은 지역 안에서도 식물의 종류와 밀도가 다른 땅이 만들어진다. 이렇게 생긴 모자이크 서식지는 생명의 다양성을 유지하는 역할을 한다.

늪과 강에는 몸길이 2.4미터, 체중 50킬로그램 정도의 작고 민첩한 트로오돈이 먹이를 쫓는다. 트로오돈처럼 작은 공룡은 곤충의 개체 수를 조절하면서 포식자와 먹이동물의 역할을 동시에 한다. 먹이사슬에서 중요한 연결고리다. 트로오돈과 더 큰 공룡과의 상호작용은 미묘하면서도 중요하다. 내 관할 아래 있는 평원에 사는 모든 생명체가 서로 연결되어 있음을 일깨워 주는 존재다. 맛도 좋다.

몸통에 철판을 두르고 다니는 안킬로사우루스가 건방진 발걸음으로 느릿느릿 움직인다. 안킬로사우루스는 느리지만 항상 목적의식을 갖고 움직인다. 안킬로사우루스가 꼬리로 위협적인 자세를 취하면 누구나 그를 회피하게 된다. 안킬로사우루스는 살아 있는 탱크다. 그의 꼬리 곤봉에 맞아 세상을 떠난 티라노사우루스가 한둘이 아니다. 그는 모든 포식자를 억제하는 역할을 한다. 내가 최종

찬란한 멸종

위 티라노사우루스와 트리케라톱스의 전투 장면 상상도. 트리케라톱스는 육식공룡들의 위협으로부터 새끼를 보호하며 들판을 가로질러 이동했다. ⓒDenis---S
아래 몸통에 철판을 두르고 다니는 안킬로사우루스 상상도. 움직임은 느리지만 꼬리 곤봉의 힘이 강력해서 모든 포식자를 억제하는 역할을 했다. ⓒOrla

조절자여야 하는데 나마저도 누군가에 의해 조절된다는 사실이 참기 어렵다. 나는 안킬로사우루스가 싫다. 무서워서 피하는 게 아니다. 나를 무시해서 싫은 거다. 아마 맛도 없을 거다. 흠!

매일 능장을 부리는 드로마에오사우루스도 나타났다. 드로마에오사우루스는 똑똑하고 민첩하다. 내가 드로마에오사우루스를 높게 평가하는 이유는 우리 생태계의 복잡한 생명망에서 그가 중요한 역할을 하기 때문이다. 시체 청소부다. 내가 많이 먹기는 하지만 트리케라톱스처럼 커다란 공룡 한 마리를 모두 먹을 수는 없다. 결국 남길 수밖에 없는데 그대로 두면 우리 평원은 불쾌한 냄새와 시체에 꼬인 귀찮은 벌레들의 소음으로 가득 찰 것이다. 시체가 쌓이면 병들어 죽는 동물들도 늘어난다. 드로마에오사우루스는 고맙게도 사체가 버려지지 않도록 청소함으로써 질병을 예방하고 생태계의 건강을 유지한다. 그래도 나는 가끔 드로마에오사우루스도 잡아먹는다. 청소부도 적정한 정원이 있기 때문이다.

아름다운 생태계 교향곡은 내 지휘에 따라 매일 새롭게 변주되며 펼쳐진다. 우리의 나날은 사냥, 이동, 짝짓기 등 생명의 리듬으로 가득 차 있다. 백악기 교향곡의 지휘자는 바로 나다. 강력한 다리로 지형을 가로지르며 먹잇감의 움직임을 예리하게 관찰한다. 내 걸음걸음마다 최상위 포식자의 권위가 풍겨 나온다. 백악기의 명실상부한 지배자인 나로부터 가장 작은 깃털 공룡에 이르기까지 각종은 생태계에서 각자 맡은 역할을 담당한다.

저 멀리 연기가 피어오르다

종종 남쪽 지평선 너머로 보이는 연기 때문에 불안감을 떨칠 수가 없다. 한때는 맑기만 했던 하늘인데 요즘은 가끔 희미하게 안개가 끼곤 한다. 산불 때문이 아니다. 산불의 영향은 일시적이다. 그런데 지금은 미묘한 공기 변화, 먹잇감의 행동 변화가 느껴진다.

최근 들어 초식공룡들은 더 불안해하는 것 같다. 이동이 잦아졌고 동요하는 게 눈에 보인다. 그러고 보니 호수의 물도 자주 마른다. 물이 넘칠 때보다 모자랄 때가 더 많다. 초식공룡들이 예전보다 훨씬 더 많이 움직이니 작은 육식공룡들도 이리저리 떠도는 일이 빈번하다. 좋지 않다. 모든 게 내 통제 아래 있어야 하는데 확실히 통제를 벗어난 현상이 있다.

첫 번째 징후는 미묘했다. 희미한 안개가 하늘을 가로질러 흐르기 시작하면서 햇빛이 희미해졌다. 땅이 으스스해졌다. 화창한 내 세계가 창백하게 변하고 있다. 이 연무는 화산재 입자 때문에 생긴 것이다. 물론 공룡들이 화산 폭발을 경험한 게 한두 번은 아니다. 하지만 이번에는 다르다는 것을 우리는 느끼고 있다. 나는 본능적으로 우리 공룡의 삶을 뿌리째 흔들 폭풍이 다가올 것이라고 속삭였다. 내가 막을 수 있는 게 아니다. 아주 먼 곳에서 시작된 일이다. 그리고 내가 태어난 이후에 일어난 일이다. 지금은 끊임없이 돌아가는 삶의 수레바퀴 속에서 사냥하고 지키고 살아남아야 할 때다.

문제가 발생한 곳은 인도 대륙의 중앙부에 자리 잡고 있는 데칸 고원이다. 인간이 살 무렵에는 평균 높이가 약 600미터에 불과해서 고원이라고 하기 민망할 정도이지만 공룡 시대에는 거대한 화산이었다. 이 화산은 약 100만 년 동안 100만 세제곱킬로미터의 용암을 내뿜어 50만 제곱킬로미터의 땅을 화산지대로 만들었다. 거의 2킬로미터 두께로 화산암이 쌓인 것이다. 이걸 '데칸 트랩'이라고 한다.

당시 화산 활동은 쌍각류 조개껍데기 화석에 반영되어 있다. 탄산염 동위원소 구성을 분석하면 당시 해양 온도를 측정할 수 있기 때문이다. 또 껍데기 화석에 축적된 수은 농도를 측정하면 화산의 규모를 알 수 있다. 화산은 유독성 금속인 수은이 자연에 유입되는 가장 거대한 통로다.

데칸고원을 만든 화산 활동은 20만 년 전에 멈췄지만 그 여파는 매우 컸다. 화산 활동으로 지구 기온이 2도가량 점진적으로 올라갔다. 해양 생물들은 수온이 낮은 바다를 찾아 북극과 남극으로 이동했다가 온도가 내려간 후에야 제자리로 돌아왔다. 이 과정에서 공룡의 생물량은 크게 변하지 않았다. 그렇다면 데칸 트랩 형성 사건은 공룡의 멸종에 관련이 없는 것일까? 그렇지 않다. 멸종이란 생물량이 줄어드는 게 아니다. 생물 종의 다양성이 떨어지는 것이다.

데칸 트랩 사건 때 당시 생물량은 크게 변하지 않았지만 종의 다양성은 크게 떨어졌다. 종의 다양성이 줄어든 생태계는 건강하지

인도 마하라슈트라주의 서고츠산맥. 지구상에서 가장 큰 화산 활동 지형인 데칸 트랩의 일부다. 이
화산 활동으로 지구 기온이 2도가량 올라갔다.

못한 생태계다. 아픈 생태계다. 허약한 생태계, 비실비실한 생태계다. 한 방 얻어맞으면 끝날지도 모를 위태로운 상태다.

트리스타를 짓밟던 날

나는 원초적인 힘과 생존의 상징이다. 매일 반복되는 교향곡의 마지막 소절은 사냥으로 절정에 달한다. 오늘은 왠지 모르게 트리케라톱스를 사냥하고 싶다. 쉬운 먹잇감이 많지만 오늘은 그래야 할 것 같다. 너무 오랫동안 트리케라톱스를 못 본 척했다. 생태계의 지배자로서 위엄을 보여주어야 할 것 같은 뭔지 모를 집착이 생긴다.

마침 멀지 않는 곳에서 무성한 초원을 가로질러 이동하는 트리케라톱스 무리의 냄새가 난다. 황홀하다. 난 트리케라톱스가 좋다. 인상적인 프릴과 강력한 뿔이 난 거대한 트리케라톱스가 황금빛 석양 아래에 긴 그림자를 드리우며 차분히 풀을 뜯고 있는 장면을 보노라면 식욕이 절로 돈다.

그런데 느낌이 이상하다. 눈앞에 펼쳐진 세상은 여느 때와 다르지 않은데 마치 내가 수면 아래에 잠긴 듯, 뭔가를 놓친 기분이다. 왠지 극적인 사건이 일어날 것 같다. 폭풍 전의 고요함이랄까? 폭풍 전의 고요함은 아름다움과 망각의 시간이다. 돌이킬 수 없을 정도로 변할 세상이 오기 전의 찰나의 평화다.

찬란한 멸종

덩치 크고 뿔까지 달린 트리케라톱스를 공격할 때는 항상 두렵다. 그런데 오늘은 어쩐지 무리의 지도자 '트리스타'를 잡고 싶은 생각이 든다. 왠지 오늘은 결판을 내야 할 것 같은 이상한 감정이 솟는다. 그렇다면 나는 오늘 목숨을 걸어야 한다.

트리스타를 향해 달려간다. 피할 새도 없이 빠르게 목덜미를 물어 제압한다. 뿔을 휘두르며 거세게 방어하던 것도 잠시, 얼마 후 트리스타의 몸이 축 늘어진다. 언제나 그렇듯이 나는 이겼다. 지구의 지배자 티라노사우루스 렉스니까. 지배자는 결코 서두르지 않는다. 세상 모든 공룡이 내 승리 장면을 오래 기억하도록 나는 트리스타를 짓밟고 오랫동안 포효한다.

역시 드로마에오사우루스 무리가 주변에 얼쩡거린다. 놈들은 내가 식사를 마치기를 기다린다. 나의 위엄을 소문낼 구경꾼이 충분히 모였다. 이제 성찬을 시작할 때다. 부러워하는 다른 공룡들의 눈빛을 한 몸에 받으면서 트리스타의 배를 열었다. 전투 중에 터져 나온 내장을 먼저 찢는다. 살보다는 내장이 좋다. 뜯어먹기도 좋고 씹기도 편하다. 또 영양도 최고다. 육식공룡이라면 골도 영양만점이다. 하지만 초식공룡이라면 별로다. 두개골을 부수는 데 드는 에너지에 비해 얻을 게 별로 없다. 품! 초식공룡들은 하나같이 뇌가 보잘것없기 때문이다.

내가 트리케라톱스 무리의 우두머리 트리스타의 살을 뜯어 먹는 중에도 공룡 세계에는 삶과 죽음의 리듬이 이어진다. 여기에 축포를 남기려는 듯 갑자기 머리 위로 거대한 불덩어리 하나가 스쳐 멀리 날아갔다. 내장을 채 다 먹기도 전에 땅이 흔들리고 하늘이 불덩이처럼 밝아지더니 이내 사방이 칠흑처럼 어두워졌다.

누가 말해주지 않아도 안다. 재앙이다. 그 어떤 시체 청소부들도 내 먹이를 탐내지 않는다. 나도 더 이상 트리스타의 시체를 밟고 있지 않다. 내 통치가 이렇게 끝날지도 모른다는 불길한 예감이 엄습한다. 폭풍 전의 고요처럼 사방이 고요하다. 아름다움과 망각의 시간이 흐른다. 돌이킬 수 없을 정도로 변할 세상이 오기 전 찰나의 평화로운 순간이다.

끔찍한 대재앙, 그 후

나는 부리와 비대칭형 깃털이 있는 작은 공룡이다. 티라노사우루스와는 먼 친척이라고 할 수 있다. 지름 10킬로미터짜리 거대한 운석이 시속 7만 킬로미터 속도로 멕시코 유카탄반도에 충돌하자 육상에서 고양이보다 커다란 동물들은 모두 사라졌다. 해양에서도 마찬가지였다. 거대한 해양 파충류와 암모나이트가 깨끗이 사라졌다.

단 한 방이었다. 공룡 세계의 위대한 지배자 티라노사우루스 티란도 사라졌다. 자신이 어떻게 사라지는지도 몰랐을 것이다. 열 폭

찬란한 멸종

풍, 쓰나미, 지진, 화산 폭발이 이어졌다. 하지만 세상은 결국 안정을 되찾았다. 짙은 먼지와 화산재 구름이 서서히 걷히고 지구 환경이 회복되기 시작하자 생명도 회복력을 찾았다. 지구는 다시 따뜻해지기 시작했다.

회복의 징후는 미묘하게 희망적이었다. 불타버린 땅에서 식물과 양치류가 다시 자랐다. 먹을 게 하나도 없어 보였지만 우리에게는 여전히 먹을 게 있었다. 나는 작은 공룡이라 조금만 먹어도 되기 때문이다. 작은 공룡이라고 해서 모두 살 만한 것은 아니었다. 작더라도 턱과 이빨이 있는 공룡들은 먹을 게 없었다. 우리처럼 부리가 있는 공룡만 황폐한 땅에 박혀 있는 씨앗을 꺼내 먹을 수 있었다. 재앙에서 살아남은 생쥐만 한 크기의 포유류들도 맛난 먹이였다.

씨앗은 충분했다. 우리가 충분히 먹고도 남을 만큼 많았다. 가장 먼저 싹이 튼 식물들은 토양을 안정시키고 다른 식물들이 자라는 데 필요한 조건을 채워갔다. 화산재로 자욱했던 공기가 맑아지면서 햇빛이 들어오자 광합성이 다시 시작되었고 식물들은 천천히 그러나 확실하게 황폐해진 땅을 되살리기 시작했다.

태양의 온기는 얼어붙었던 강과 호수가 다시 자유롭게 흐르게 했다. 강과 호수는 새로운 활동의 중심지가 되었다. 식물이 점차 회복되자 멸종 위기에서 살아남은 초식동물들은 새로운 먹이를 찾았다. 적응력이 뛰어난 작은 생물들이 새로운 생태계에서 번성하기 시작했다. 식물이 늘어나자 곤충과 작은 동물이 급증했고 더욱 복잡하게 연결된 생명 망이 형성되었다.

새로 생긴 숲은 살아남은 공룡과 다른 동물들에게 은신처를 제공했다. 새로운 생태계는 멸종 이전의 세계와는 달랐지만 다양성이 넘쳐나기 시작했다. 지구가 대재앙에서 치유되면서 자연의 회복력이 온전히 드러났다.

나는 공룡이다. 우리가 대멸종 이후에야 새롭게 등장한 게 아니다. 나는 오랫동안 생존을 위해 진화했다. 그 덕분에 6600만 년 전 다섯 번째 대멸종 때 살아남을 수 있었다. 나는 부리와 비대칭형 깃털이 있는 작은 공룡이다. 덕분에 나는 날 수 있다. 거대한 티라노사우루스가 사라진 이 생태계에 아직 새로운 지배자는 나타나지 않았지만 그 자리를 내가 차지할 수도 있을 것 같다. 어차피 큰 놈들은 존재하지 않고 나는 하늘을 날 수 있으니 말이다.

나는 혁신의 결과다. 처음에는 체온을 조절하고 짝에게 과시하기 위해 쓰던 깃털로 하늘을 날 수 있게 진화했다. 양력과 기동성을 제공하는 양 날개를 갖추었다. 나는 몸을 가볍게 하는 데 성공했다. 뼛속을 비워 몸무게를 줄이고 비행 효율을 높였다. 선조들이 주로 거대한 목을 받치는 데 사용했던 기낭, 즉 공기주머니를 호흡에 사용해 비행에 필요한 높은 신진대사를 감당하게 했다. 의외로 결정적인 변화는 부리였다. 대재앙이 닥치자 부리는 매우 유용했다. 다양한 먹이원을 이용할 수 있었다.

티라노사우루스는 포악한 지배자였다. 그 누구도 그에게 대들지

찬란한 멸종

못했다. 하지만 그는 떠났다. 나는 신나서 노래를 부른다.

님은 갔습니다. 아아, 사랑하는 나의 님은 갔습니다.
한줄기 불덩어리가 스치고 지나간 작은 길을 따라서,
차마 떨치고 갔습니다.
아아, 님은 갔지마는 내가 님을 보내지는 아니하였습니다.
제 곡조를 못 이기는 사랑의 노래는 님의 침묵을 휩싸고 돕니다.

티라노사우루스의 거친 포효가 사라진 생태계에 아름다운 내 노랫소리가 울려퍼진다. 나는 공룡이다. 하지만 공룡이라는 무시무시한 이름보다는 친근하고 예쁜 이름을 갖기로 했다. 하여, 지금부터 나는 '새'다. 새는 티라노사우루스 자리를 차지했다. 공룡의 이야기는 끝났지만 공룡의 유산은 하늘에 남아 생명의 위대한 여정을 지구에서 계속 이어나갈 것이다.

PART 3

진화와 공생의
장대한 시작
생명 탄생의 시간

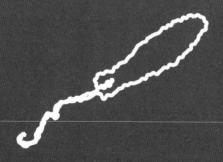

화산 폭발에서
살아남은 공룡들

거대한 공룡들이 육상의 지배자가 되기 한참 전 지구는 파충류가 지배했다. 우리는 우리 자신을 아르코사우루스Archosaurus라고 부른다. '지배하는 파충류'라는 뜻이다. 고생대 페름기에 등장해 중생대 트라이아스기까지 존재한 동물 그룹을 일컫는 말이니 당연히 어떤 특정한 동물 이름이 아니라는 것쯤은 쉽게 짐작할 것이다.

나는 포스토수쿠스Postosuchus다. 비록 '포스트의 악어'라는 뜻의 심심한 이름이지만 나는 중생대 트라이아스기를 누빈 아르코사우루스다. 지배 파충류의 일원이라는 말씀이다.

사실 내 정체성은 좀 복잡하다. 분명 지배 파충류의 일원이지만

: 포스토수쿠스 상상도. 두개골 길이가 55센티미터, 너비와 깊이가 21센티미터에 달한다. 걸을 땐 앞
  발을 들고 반쯤 선 어정쩡한 자세로 걷는다. ©YuRi Photolife

현대인의 시각에서 보자면 양서류에 속하기도 한다. 옛날 일을 현
대의 시각에서 보면 헷갈릴 수 있다. 너무 괘념치 마시라. 나는 튼
튼한 두개골과 긴 꼬리를 가졌다. 몸길이가 6미터 이상이다. 뒷다
리에 비해 앞다리가 짧고 발이 매우 작다. 목과 꼬리에는 두꺼운 판
인 골배엽이 있다. 나는 시간이 지날수록 몸통이 짧아지고 목과 꼬
리가 길어지는 진화를 겪었다.

　나는 트라이아스기의 최고 포식자다. 강한 팔다리와 날카로운
이빨을 가진 강력한 사냥꾼이다. 두개골 길이가 55센티미터, 너비
와 깊이가 21센티미터에 달하며 단검 같은 이빨이 있다. 시각과 후
각도 매우 뛰어나다. 그리고 새끼 때는 네발로 걷지만 다 자란 다음
에는 두 발로 걸을 수도 있었다. 땅을 지배하는 데 완벽하게 적용한
것이다.

　나뿐만 아니라 우리 아르코사우루스들은 다른 어떤 생물과도 비

교할 수 없을 정도로 힘이 강하며 민첩하다. 우리는 자부심과 자신 감으로 늪과 숲을 지배한다.

그런데 최근 불쾌한 일이 일어나고 있다. 일부 아르코사우루스 가 본연의 모습을 잃고 있는 것이다. 이들은 뼛속을 비우고 독특한 호흡기를 갖추기 시작했다. 아르코사우루스의 자부심이란 찾아볼 수 없는 놈들이다. 제 딴에는 해부학적인 구조를 바꿔서 트라이아 스기의 저산소 환경에서 좀 편하게 숨 쉬겠다는 꿈수를 부리는 건 데, 아르코사우루스의 본질은 힘이다!

나는 그들을 더 이상 아르코사우루스라고 부르지 않겠다. 디노 사우루스라고 낮춰 부르겠다. 귀찮다. 그냥 공룡이라고 하자. 나는 공룡의 태동, 권력 상승, 그리고 세계 지배 과정을 목격했다. 여기 그들의 해부학적 배신 과정을 낱낱이 고발한다.

기후변화가 극심했던 트라이아스기

인간들은 중생대라고 하면 쥐라기와 백악기만 기억한다. 초등학 교 없이 중학교와 고등학교가 있을 수 없다. 트라이아스기는 중생 대의 초등 과정이라고 생각하면 된다. 트라이아스기는 삼첩기三疊紀 라고도 한다. 지층이 3개로 뚜렷이 구분되기 때문이다. 고생대 페 름기 말에 형성된 초대륙 판게아가 아직 그 꼴을 유지하고 있다. 따라서 해안선은 단조롭고 짧다. 트라이아스기가 끝날 무렵인 지금에야 판게아가 다시 쪼개지기 시작한다.

트라이아스기는 내내 더웠다. 대기 중 이산화탄소 농도가 1750피피엠에 달했기 때문이다. 산업혁명이 일어나기 전에는 200~300피피엠 사이를 오락가락했던 것과 비교하면 7배 정도 높은 셈이다. 당연히 지구는 더웠다. 평균 온도는 약 17도였다. 이산화탄소 농도는 높지만 산소 농도는 오히려 낮았다. 16퍼센트에 불과하다. 현대는 산소 농도가 21퍼센트에 달한다.

낮은 산소 농도와 극심한 기후 변동이 트라이아스기의 특징이다. 화산 활동이 빈번했기 때문이다. 특히 건기와 우기의 차이가 극단적이었다. 건기에는 극도로 건조하고 우기에는 습하게 변했다. 트라이아스기의 지구는 건조한 사막, 울창한 숲, 광활한 범람원이 뒤섞여 있었다. 끊임없이 변화하는 환경 속에서 우리는 오히려 회복력과 적응력을 키웠다.

우리 아르코사우루스는 이런 환경에서 번성했으며 튼튼한 해부학적 구조와 효율적인 생리 덕분에 다른 동물은 생각하지도 못한 곳에서도 살아남을 수 있었다. 이게 우리 아르코사우루스의 기본 정신이다. 환경에 굴하지 않고 극복하는 것, 끝내 버텨내는 것이다. 우리는 지배 파충류니까.

이족 보행을 하는 반칙왕들

어디에나 '루저'들은 있는 법. 그들은 혁신이라는 이름으로 배신을 시작한다. 초기 공룡들이 바로 그들이다. 이들은 산소가 부족한 환경에서 뛰어난 능력을 발휘할 수 있는 독특한 해부학적 특징을 발명했다.

인간 같은 포유류는 날숨과 들숨을 교대로 쉰다. 들숨 때는 외부의 공기가 허파로 공급된다. 하지만 날숨 때는 허파의 공기가 몸 밖으로 나간다. 이 과정에서는 몸으로 산소를 공급하지 못한다. 비효율적이다. 산소 농도가 떨어진 환경에서는 매우 힘든 호흡을 해야 한다. 또 숨을 내쉬는 과정에 수분을 잃을 수도 있다. 우리 아르코사우루스도 같은 식으로 호흡한다.

하지만 공룡은 뼛속까지 연결된 기낭, 즉 공기주머니를 발명해 호흡에 사용한다. 일명 플로 스루flow-through 호흡 시스템을 채택한 것이다. 허파에서 공기가 한 방향으로 연속적으로 흐르는 시스템이다. 호흡 과정에서 허파가 팽창하거나 수축하지 않는다.

허파로 들어온 산소는 기낭과 허파 사이의 얇은 막 너머로 확산한다. 숨을 내쉴 때 기낭에 담아둔 공기가 허파로 밀려 들어가서 허파 조직을 통해 공기가 지속적으로 흐른다. 공기의 흐름은 연속적이고 단방향이기 때문에 들숨과 날숨 모두에서 신선한 공기가 허파 표면을 지속적으로 통과한다. 따라서 허파는 항상 신선하고 산소가 풍부한 공기로 채워진다. 이 방식에 따르면 숨을 내쉴 때나 들이쉴 때나 항상 산소를 흡입할 수 있어서 산소가 부족한 환경에서 매우 이롭다.

공룡의 높은 호흡 효율은 신진대사율을 높였고 활동 수준을 지속적으로 높게 유지시켰다. 오랜 시간 에너지와 체력을 유지할 수 있는 공룡은 다양한 생태적 틈새에서 번성했다. 에베레스트산을 오를 때 우리 아르코사우루스는 정석대로 무산소 등정을 하는데 공룡은 산소마스크를 쓰고 오르는 셈이다. 내 입장에서 보면 일종의 반칙이다. 공룡의 후손인 새도 이 장치를 사용해 그 작은 몸으로 히말라야산맥을 넘을 수 있게 된다.

나는 공룡의 변화를 지켜보면서 배신감과 가소로움을 느꼈지만 동시에 매혹과 부러움이 뒤섞인 감정 역시 느꼈다는 점을 부인하지 않겠다. 공룡들은 트라이아스기의 거친 지형을 우리가 따라잡을 수 없을 정도로 우아하면서도 민첩한 동작으로 움직인다. 한때 진화의 정점이던 우리의 튼튼한 몸과 강력한 팔다리는 어쩌면 공룡들의 날렵하고 효율적인 형태에 비해 시대에 뒤떨어진 것인지도 모르겠다.

땅 위에 사는 척추동물이 걷는 방법은 크게 세 가지다. 첫 번째는 기는 자세. 도마뱀처럼 몸 옆에서 나와 기역(ㄱ) 자로 꺾인 다리로 배를 땅에 대고 기어다니는 것이다. 두 번째는 반쯤 선 자세. 악어가 짧은 거리를 뛸 때 몸을 땅에서 들고 걷는 모습을 상상하면 된다. 이때 다리는 팔굽혀펴기를 할 때처럼 반쯤 편 모양이 된다. 세 번째는 곧게 선 자세. 다리가 늘 몸 아래로 곧게 뻗어 나와 있다. 인간과 새가 이렇게 걷는다.

세 번째 자세가 제일 효율적이다. 기는 자세나 반쯤 선 자세는 몸무게를 견디기 힘들고 걸을 때마다 발목이 비틀거린다. 또 움직일 때마다 몸이 휘면서 허파를 눌러서 숨쉬기도 힘들다. 그런데 곧게 선 자세로 걸으면 다리가 몸무게를 충분히 견디면서도 발목이 비틀리지도 않고 허파가 눌리지도 않는다.

나는 두 발로 걷는다. 네 발로 걸으면 자빠지는 일은 적지만 기동성이 떨어지기 때문이다. 하지만 내가 걷는 자세는 두 번째 방법으로 반쯤 선 어정쩡한 자세다. 이에 반해 공룡은 세 번째 자세로 걷는다. 우리보다 더 민첩하고 기동성이 뛰어나다. 길고 강력한 뒷다리로 빠르게 달릴 수 있다. 빠르게 방향을 전환하고 먹이를 쫓거나 포식자를 피할 때 유리하다. 허파에도 압력을 주지 않는다.

기낭은 호흡뿐만 아니라 속도에도 도움을 준다. 공룡의 뼈는 공기 주머니로 채워져 있기 때문에 훨씬 가볍다. 덕분에 몸무게가 줄었다. 적은 체중은 에너지를 절약하게 해준다. 이에 비해 아르코사우루스들은 큰 덩치와 무게 때문에 빠르게 움직이기가 어렵다. 사냥과 도망 모두 불리하다. 여러모로 기낭은 정말 반칙이다. 반칙을 쓰면 벌칙을 받아야 하지만 생태계에 공정한 규칙 따위는 없다.

우리 눈앞에서 동물들의 힘의 균형이 바뀌고 있다. 더 이상 아르코사우루스는 지배 파충류가 아닐지도 모른다.

공룡이 작은 동물 생태계를 장악하다

트라이아스기가 진행되면서 아르코사우루스가 지배하던 환경이 변하고 있다. 점진적이기는 하지만 분명한 변화는 새로운 파충류 그룹인 공룡이 등장했다는 것이다. 공룡은 독특한 해부학적 특징으로 진화의 우위를 점하면서 생태계를 장악하고 있다. 어느덧 자기 시대로 만들고 있다.

우리가 그들에게서 간과한 점이 있다. 초기 공룡은 매우 작았다. 반면에 우리 아르코사우루스는 크다. 우리는 큰 동물답게 작은 동물들이 깐죽대는 생태적 틈새를 간과했다. 나는 작고 민첩한 코엘로피시스Coelophysis 무리를 처음 만났을 때를 생생하게 기억한다. 어느 날 저녁 물웅덩이 근처의 내 영역을 순찰하던 중 덤불 사이를 뛰어다니는 코엘로피시스 무리를 발견했다. 그들은 날카롭고 예리한 눈으로 주변을 끊임없이 스캔하면서 먹잇감과 위험을 경계하고 마치 계획된 안무에 맞춰서 춤추는 것처럼 조직적으로 유연하게 움직이고 있었다. 한 몸 같았다.

코엘로피시스는 트라이아스기 말기에 사는 소형 이족 보행 공룡이다. 몸길이는 꼬리까지 3미터, 체중은 20~30킬로그램으로 몸집이 작다. 하지만 속이 빈 뼈 덕분에 놀라울 정도로 민첩하다. 긴 뒷다리와 잘 발달한 근육으로 빠르게 달릴 수 있을 뿐만 아니라 방향 전환도 빠르다.

코엘로피시스는 주로 곤충이나 작은 파충류를 잡아먹는 육식동물이다. 길고 좁은 두개골은 날카로운 톱니 모양 이빨로 채워져 있어서 살을 물어 찢는 데 완벽하다. 코엘로피시스는 똑똑하다. 협력을 할 줄 안다. 무리를 지어 사냥하면서 조직적인 전술을 사용한다. 울창하고 장애물이 많은 환경에서 우리의 추적을 피하면서도 강력한 사냥꾼으로 활약할 수 있었다.

코엘로피시스 같은 공룡은 작은 동물의 생태적 틈새를 차지했다. 따라서 우리는 별 관심이 없었다. 그런데 환경이 점점 열악해지고 산소가 부족해지자 상황이 바뀌었다. 민첩하고 발달된 호흡법을 장착한 작은 공룡들이 변두리에서 우리 영토의 중심부로 이동하면

아제르바이잔 우표에 그려진 코엘로피시스 상상도. 몸길이는 꼬리까지 3미터, 체중은 20~30킬로그램으로 몸집이 작고 매우 민첩하다.

찬란한 멸종

서 영역을 확장하기 시작했다. 산소 농도가 떨어져도 우리는 사냥할 수 있다. 왜? 우리는 강하니까. 그런데 우리가 기껏 먹이를 궁지에 몰아넣고 마지막 일격을 가하려는 찰나, 어느새 나타난 공룡들이 우리 먹잇감을 낚아채 가버린다. 우리에게 쫓겨 탈진한 먹잇감을 쉽게 잡아 도망치는 것이다. 우리는 공룡을 쫓을 만큼 빠르지 못하다. 언제부터인가 나와 마주쳐도 주눅 들지 않는다. 이러다가 겁도 없이 우리 같은 큰 먹잇감을 사냥하려 들지도 모르겠다.

건기도 잘 견디는 공룡들

공룡들은 식성이 좋다. 아무거나 잘 먹는다. 어떤 놈들은 초식동물처럼 풀을 뜯어 먹고 또 어떤 놈들은 작은 동물을 사냥하거나 사체를 뒤져 먹는다. 식생활이 우리보다 훨씬 유연하다. 덕분에 다양한 환경에서 번성했고 편식하는 다른 종보다 오래 살아남았다. 역시 아무거나 잘 먹는 게 최고다.

코엘로피시스 같은 작은 공룡의 존재는 내 생태 지형에 큰 변화를 가져왔다. 내 사냥터였던 이곳에 공룡의 울음소리와 발소리가 울려 퍼지고 있다. 눈에 띄지 않게 지으려고 노력했을 공룡의 둥지들이 곳곳에서 보인다는 것은 공룡의 개체 수가 성공적으로 증가하고 있다는 증거다.

물이 적은 건기에는 공룡들이 확실히 우리보다 잘 견딘다. 우리가 무거운 몸을 이끌고 움직이느라 고군분투할 때 공룡들은 효율적인 허파와 가벼운 몸 덕분에 물과 먹이를 찾아 더 먼 거리를 이동한다.

나는 배고프고 목마르다. 거대한 내 몸이 거추장스럽다.

이 와중에 헤레라사우루스Herrerasaurus 무리와 마주쳤다. 코엘로피시스와는 차원이 다른 공룡이다. 몸길이가 4.5~6미터에 이르고, 체중은 200~350킬로그램이나 나가는 커다란 놈들이다. 엄지를 비롯한 앞 발가락 3개가 길쭉하게 뻗어 있는데 그 끝에는 날카롭게 휜 발톱이 달려 있다. 저 발에 잡히면 빠져나오기 힘들 것 같다.

헤레라사우루스의 화석 복원본(아르헨티나 투쿠만미겔릴로연구소). 몸길이 4.5~6미터, 체중 200~350킬로그램의 커다란 놈들이다. 앞 발가락 3개가 길쭉하게 뻗어 있다.

두개골은 우리와 비슷하게 생겼지만 주둥이에는 살점을 찢기 좋게 생긴 날카로운 이빨이 돋아 있다. 아래턱은 한번 물면 절대 놓치지 않게 생겼다. 저놈들에게 물리면 과다출혈로 죽을 것 같다.

나는 결국 헤레라사우루스 무리에게 내 사냥터를 내주고 후퇴했다. 본능적인 판단이었다. 공룡의 힘이 점점 더 커지고 있다. 공룡의 지배하에 놓이고 있는 풍경 위로 지는 해를 바라본다. 경외감과 우울이 교차한다. 공룡의 부상은 멈출 수 없을 것 같다. 한때 이 땅의 지배자였던 우리 아르코사우루스에게 서서히 그늘이 드리우고 있다.

화산 폭발과 네 번째 대멸종

지금 자연사에서 지구의 가장 큰 전환점 중 하나가 될 재앙적인 사건이 일어나고 있다. 초대륙 판게아가 해체되면서 격렬한 화산 활동이 일어나고 있는 것이다. 시작점은 중앙 대서양 마그마 지역CAMP, Central Atlantic Magmatic Province으로, 약 1100만 제곱킬로미터의 면적을 차지하는 지구에서 가장 큰 대륙성 대형 화성암 지대다. 주로 트라이아스기 말과 쥐라기 초 중생대 판게아가 해체되기 전에 형성된 현무암으로 이루어져 있다.

이 지역의 화산 폭발은 이후 60만 년 이상 지속되면서 네 차례

중앙 대서양 마그마 지역. 판게아
가 해체되기 전의 모습으로, 빨간
색으로 표시된 부분은 현재까지
화산 폭발의 흔적이 남아 있는 곳
이다(출처:《사이언스》).

유라시아

북아메리카

남아메리카

아프리카

인도

남극

오스트레일리아

나 대폭발한다. 이때 형성된 화성암 지대는 그 면적이 지구상에서
가장 넓다. 현재 브라질 중부에서 북동쪽으로 5000킬로미터 떨어
진 서부 아프리카, 이베리아, 프랑스 북서부까지 그리고 서부 아프
리카에서 서쪽으로 2500킬로미터 떨어진 북아메리카 동부와 남부
에 이르는 지역이다.

화산이 폭발하며 엄청난 양의 용암과 화산 가스가 분출된다. 하
늘은 화산재로 어두워지고 공기는 유황 악취로 가득 찬다. 내가 살
던 울창한 풍경이 바뀌기 시작한다. 숲과 늪은 시들고 맑았던 물은

오염되어 이제 마시기가 무섭다. 가스에 포함된 이산화탄소와 이산화황 때문이다. 이산화탄소는 지구 대기를 가열하고 이산화황은 산성비를 만든다.

모든 생명은 온도에 민감하다. 온난화는 생태계를 교란하고 서식지를 변화시킨다. 우리는 이동해야 한다. 그런데 전 지구적으로 더워지고 있는 상황에서 대체 어디로 가야 한다는 말인가. 해양 생태계는 피해가 더 크다. 그렇지 않아도 산성비 때문에 해양 생태계가 황폐화되고 있는데 바닷물의 온도가 오르면서 용존산소량이 줄어든다. 바다에서 숨을 쉴 수가 없다. 몇몇 생물만의 문제가 아니다. 현재 지구에 살고 있는 모든 생명에게 적대적인 환경이 만들어지고 있다.

지구에 존재하는 생명 가운데 절반 이상이 사라질 것 같다. 가장 큰 타격을 받는 건 바로 우리 아르코사우루스들이다. 포스토수쿠스인 나 역시 멸종 사건에 직접적인 영향을 받는다. 힘과 적응력에도 불구하고 세상은 우리에게 불리하게 돌아가고 있다. 화산 산맥이 솟아오르고 치명적인 구름이 퍼지는 것은 한 시대의 종말을 알리는 신호다.

화산 폭발, 기후변화, 해양 무산소증으로 인한 대격변은 지구에 네 번째 대멸종을 가져오고 있다. 원래 최고 포식자는 대멸종 사건의 가장 큰 피해자가 되는 법. 나를 포함한 아르코사우루스의 통치는 종식되는 게 순리다. 우리 아르코사우루스의 통치가 끝나면 저

하찮은 존재, 공룡의 시대가 열릴 것이다.

변화와 혁신만이 살길이다

나, 포스토수쿠스는 트라이아스기 세계를 누비며 최고의 자부심으로 살았다. 강력한 팔다리와 무시무시한 턱을 가진 나는 내 영역에서 그 누구도 좇을 수 없는 최고 포식자였다. 하지만 공룡이 등장하면서 나는 전에는 몰랐던 부러움과 동경이라는 감정에 사로잡히기 시작했다.

한 단어로 표현하면 질투심이었다. 속이 비어 있는 가벼운 몸체는 내가 좇을 수 없는 속도로 우아하게 움직였다. 특히 두 발로 민첩하게 걷는 코엘로피시스의 자세는 인상적이었다. 그들은 힘들이지 않고 덤불 속을 뛰어다녔다. 최고의 설계도에 따라 만들어졌다는 증거다. 산소가 희박한 공기에서도 산소를 더 많이 추출할 수 있는 고도로 발달된 호흡기 덕분에, 그들은 우리가 마주친 혹독한 환경에서도 더 오래, 더 많이 살아남았다.

이러한 변화를 되돌아보며 나는 자연의 근본적 진리, 즉 진화와 변화는 필연적이며 변화만이 유일한 살길이라는 사실을 깨달았다. 공룡의 등장은 단순히 힘의 변화가 아니었다. 그들의 등장은 지속적인 지구 생태 변화의 한 부분이었다. 지배적인 조건에 잘 적응한

찬란한 멸종

생물이 챔피언이다. 모든 시대에는 새로운 챔피언이 등장한다. 이제 그들의 시간이 왔고, 받아들이기 힘들지만 이게 자연의 순리라는 것을 인정해야 한다.

하지만 슬프다. 고요 속에서 나는 우리 종족의 지배력이 사라지는 것을 슬퍼하지 않을 수 없다. 공룡은 놀라운 적응력과 끊임없는 추진력으로 자신의 자리를 차지했다. 한때 우리의 포효가 가득했던 풍경이 이제는 공룡들의 쩍쩍거리는 소리로 가득 차게 될 것이다. 우울하지만 공룡들의 변화에 존경을 표할 수밖에 없다.

고백한다. 나는 공룡의 끊임없는 변화와 혁신을 부러워하고 질투했다. 질투가 질투에 머물렀다는 게 우리가 몰락하는 원인이다. 질투는 나의 힘이 되어야 했다. 그들과 나는 같은 환경에 살지 않았던가. 이젠 공룡의 시대다. 그들이라면 절대로 멸종하지 않고 이 지구를 영원히 통치할 수 있을 것 같다. 물론 역사라는 수레바퀴를 끊임없이 돌려야 할 것이다. 혁신이 생활화된 공룡이라면 할 수 있을 것이다. 공룡들이여, 영원하라!

생명체의
95퍼센트가 사라지다

울창한 숲 위로 해가 떠오르자 늪에 기다랗게 그림자가 드리워진다. 거대한 돛이 새벽 햇빛을 가린다. 돛의 주인은 배가 아니다. 바로 나다.

사실 햇빛을 가린 것은 돛이 아니라 내 등에 난 신경배돌기다. 신경배돌기란 생물의 척추뼈 일부가 길게 자라고 그 위를 살이 얇게 덮어 마치 돛과 같은 구조가 된 것이다. 태고의 양서류와 파충류에는 신경배돌기가 있는 동물이 많았다.

그렇다면 고생대 페름기 말 늪에 그림자를 드리운 신경배돌기의 주인공, 나는 누구일까?

① 스피노사우루스Spinosaurus

② 오우라노사우루스Ouranosaurus

③ 디크라이오사우루스Dicraeosaurus

④ 디메트로돈Dimetrodon

스피노사우루스는 '척추 도마뱀'이라는 뜻으로 영화 〈쥐라기 월드〉에서 티라노사우루스를 짓밟아 공룡 팬들에게 커다란 상처를 준 거대한 공룡이다. 엄청나게 커다란 신경배돌기가 있긴 하지만 시대가 다르다. 중생대 백악기 후기에 아프리카에 살았다.

오우라노사우루스는 '용감한 도마뱀'이라는 뜻이다. 60센티미터가 훌쩍 넘을 정도로 높은 신경배돌기가 척추에서 미추까지 늘어서 있었다. 하지만 오우라노사우루스는 중생대 백악기 전기 아프리카에 살았던 공룡이다.

디크라이오사우루스는 '두 갈래로 나뉜 도마뱀'이라는 뜻의 이름을 가진 목 긴 공룡이다. 목뒤 척추뼈에서 위로 솟아오른 신경배돌기가 두 갈래로 갈라진 Y자 형태로 생겼다. 하지만 쥐라기 후기 아프리카에 살았다.

그렇다면 남은 것은 하나. 디메트로돈이 답일 테다. 내 이름의 뜻은 '두 가지di 크기metro의 이빨don'. 그래서 한자로는 이치룡異齒龍이라고 한다. 나는 이 세상에서 오해를 가장 많이 받는 고생물이다. 몸길이가 3~5미터나 되고 신경배돌기가 있다 보니 공룡이라고 생각하는 사람들이 많다. 하지만 나는 공룡이 아니다. 공룡은 중생대 트라이아스기 말에나 등장한다. 지금은 2억 5100만 년 전 고생대 말이다.

그렇다면 공룡은 아니라도 파충류이기는 할 것 같은가? 놀랍겠지만 나는 파충류도 아니다. 단궁류에 속한다. 단궁單弓이란 구멍이 하나 있다는 뜻이다. 무슨 구멍일까? 두개골 뒷부분에 양쪽으로 난 측두창이라고 하는 구멍을 말한다. 여기에 구멍이 없으면 무궁류다. 거북이가 그렇다. 구멍이 2개 있으면 이궁류다. 익룡과 공룡이 여기에 속한다. 공룡이 여기에 속하니 새도 여기에 속하는 것은 당연하다. 그뿐만 아니라 악어, 뱀, 도마뱀도 이궁류다. 거북이를 제외한 대부분의 파충류와 조류가 이궁류인 셈이다.

: 디메트로돈의 3D 상상도. 척추뼈 일부가 길게 자라서 생긴 신경배돌기가 특징이다. 공룡처럼 생겼지만 공룡도, 파충류도 아닌 단궁류에 속한다. ⓒMax Bellomio

단궁류는 구멍이 하나라는 뜻이다. 대부분의 단궁류는 트라이아스기 대멸종기, 즉 네 번째 대멸종 때 몰살되었지만 살아남은 것들은 나중에 포유류로 진화한다. 이궁류와 단궁류 사이에는 결정적인 차이가 있다. 바로 이빨의 종류다. 공룡 같은 이궁류는 이빨이 다 똑같이 생겼다. 모양이 한 가지다. 그런데 단궁류는 이빨 크기와 모양이 다양하다. 여러 가지 이빨이 있다.

그렇다면 사람은 무궁류, 단궁류, 이궁류 중 어디에 속할까? 자기 치아를 보면 답이 나온다. 사람의 치아는 여러 가지 모양이다. 그렇다. 인간은 단궁류다. 이것은 무엇을 말하는가? 디메트로돈은 공룡처럼 생겼지만 공룡보다는 사람에 더 가까운 동물이라는 뜻이다. 그러니 사람들은 내 말에 귀를 기울이시라.

인간과 가까운 나, 디메트로돈이 굴에서 나와 모습을 드러냈을 때 아침 공기는 곤충의 날갯소리와 짙은 습기로 가득했다. 축축한 날씨는 풍요를 말해준다. 높이 솟은 나무고사리와 소철이 층층이 드리운 나뭇가지가 그늘을 제공하고 덤불 아래에는 무수한 생물이 보이지 않는 곳에서 각자의 역할을 묵묵히 수행하고 있다.

나는 돛처럼 생긴 신경배돌기로 태양의 온기를 담으면서 날카로운 이빨을 드러낸 채 내 영역을 순찰한다. 정신이 나가 주위를 살피지 않는 먹잇감을 찾는 것이다. 내 세상은 여유롭고 풍요롭다.

페름기의 주인공은 누구일까

나는 지금 2억 5100만 년 전에 살고 있다. 2억 9900만 년 전에 시작한 페름기의 마지막 시기다. 그러니까 페름기는 무려 4800만 년이나 계속된 셈이다. 페름기는 이첩기二疊紀라고도 한다. 고생대 이첩기 다음 시기가 중생대 삼첩기라고 해서 숫자가 시대 순서를 말하는 것은 아니다. 러시아의 페름이라는 도시에서 발견된 이 시대 지층이 2개로 되어 있어서 그렇게 불릴 뿐이다.

페름기 말기는 식물상이 매우 다양하고 풍요로운 시절이다. 윗부분이 붓처럼 생긴 양치식물 속새는 습한 지역에 번성하고 있다. 무수한 양치식물이 숲 바닥에 카펫처럼 깔려서 초식동물의 먹이가 되고, 나무고사리와 겉씨식물들이 햇빛을 받기 위해 높이 뻗어 있다. 대부분의 겉씨식물은 침엽수다. 현대 소나무와 전나무의 조상뻘 되는 나무들이 우뚝 솟아 있다. 바늘처럼 생긴 잎과 솔방울은 점점 건조해지는 기후에서도 잘 버티고 있다. 노란 잎이 아름다운 은행나무도 숲 구성원 가운데 하나다. 아직 활엽수는 등장하지 않은 시기지만 은행나무는 있다. 왜냐하면 은행나무는 활엽수가 아니라 침엽수이기 때문이다. 넓은 은행잎을 자세히 들여다보거나 만져보면 무수히 많은 바늘이 그 안에 있다는 사실을 알 수 있다.

페름기의 동물상 역시 화려하다. 거대한 초식동물부터 사나운 포식자까지 놀라울 정도로 다양한 동물이 살고 있다. 특히 습지와

위 윗부분이 붓처럼 생긴 양치식물 속새.
아래 은행나무는 활엽수가 아니라 침엽수다. 은행잎
을 자세히 들여다보면 많은 바늘이 모여 있다는 사
실을 알 수 있다.

에리옵스의 화석 복원본(미국 클리블랜드자연사박물관). 마치 코와 입을 잡아서 앞쪽으로 쭉 늘인 것처럼 두개골의 대부분이 눈보다 앞에 있다.

강에는 반수생 생활을 하는 양서류가 많다. 에리옵스Eryops가 대표적이다. 에리옵스는 '잡아 늘인 얼굴'이라는 뜻이다. 마치 코와 입을 잡아서 앞쪽으로 쭉 늘인 것처럼 두개골의 대부분이 눈보다 앞에 있다. 에리옵스는 물에서 성공적으로 육지로 진출한 동물이다. 강하고 굵은 등뼈가 있어서 길이 3미터, 체중 200킬로그램에 달하는 몸을 유지할 수 있고, 튼튼하고 짧은 다리로 몸을 받친 채 움직인다. 어류 시절의 턱뼈가 원시적인 귀로 발달해 공기 중의 소리도 들을 수 있다. 턱 근육이 약해서 먹이를 씹지는 못한다. 대신 목을 뒤로 젖혀 먹이를 통째로 삼킨다.

아프리카 남부에 살고 있는 파레이아사우루스Pareiasaurus는 '뺨
도마뱀'이라는 뜻인데 넓적한 두개골의 뺨 부분에 두드러지게 돋
아난 돌기와 가시 때문에 붙은 이름이다. 페름기 초식 파충류의 대
표선수다. 큰 놈은 몸길이가 3미터, 체중 1톤에 달한다. 하지만 도
마뱀처럼 옆으로 뻗어 나온 육중한 다리 때문에 몸을 높이 세우지
못해서 낮은 키의 식물을 먹이로 삼는다. 입천장까지 나뭇잎 모양
의 이빨이 돋아나 있어서 거친 식물도 잘게 부숴 먹는다. 무궁류다.

오스트레일리아를 제외한 모든 대륙에서 발견되는 테랍시
다Therapsida는 매우 특이한 파충류다. 다른 파충류와 달리 다리를 몸
밑으로 뻗어서 몸을 땅에 끌지 않고 다리로만 움직일 수 있다. 또

독일 베를린수족관에 있는 파레이아사우루스 벽화. 몸길이 3미터, 체중 1톤에 달하는 초식 파충류
로, 입천장까지 이빨이 돋아나 있어서 거친 식물도 잘게 부숴 먹었다.

현대 포유동물처럼 먹이를 무는 앞니, 먹이를 찌르는 송곳니, 먹이를 부수는 어금니가 있다. 그렇다면 무궁류, 단궁류, 이궁류 중 어디에 속할까? 맞다. 나와 같은 단궁류다. '테랍시다'라는 이름 자체가 '포유류 같은 파충류'라는 뜻이다. 현대의 오리너구리와 가시두더지 같은 단공류, 캥거루와 코알라 같은 유대류, 그리고 생쥐와 인간 같은 태반류의 조상에 해당한다.

지금까지 등장한 식물과 동물은 페름기의 조연이다. 조연 없이 주연이 있을 수 없다는 겸손한 생각에 이들을 먼저 소개했지만, 그래도 주연이 제일 중요하다. 내가 바로 주연이다. 바로바로 신경배돌기로 유명한 디메트로돈이다.

내가 등에 짊어지고 다니는 신경배돌기의 용도에 대해서는 의견이 분분하다. 확실한 것은 체온 조절용은 아니다. 체온 조절용이라면 몸의 크기와 돛의 크기 사이에 어떤 상관관계가 있을 텐데 그런 게 없다. 그렇다면 뭘까? 짝짓기 때 과시용이라고 생각할 수 있을 테지만 그렇게 생각할 만한 근거도 없다. 포식자에 대한 경고, 경쟁 상대에 대한 위협 같은 의사소통 도구 등 다양한 용도로 쓴다.

나는 최상위 포식자. 몸길이가 3~5미터에 달한다. 주로 강과 호수 주변에서 민물 상어, 양서류와 파충류 등을 잡아 먹고 산다. 파레이아사우루스 같은 초식 파충류와는 서로 경계하지 않는 사이다. 그는 나와 먹이 경쟁을 하지 않고, 내가 공격하기에는 너무 크기 때문이다. 그저 무관심한 이웃으로 지낸다.

그런데 어느 날부터인가 파레이아사우루스가 힘겨워하는 게 느껴진다. 여유 있고 강해 보였던 그가 자기 몸조차 거추장스러워하는 것 같다. 초목에 완벽하게 어울렸던 몸이 변화하는 환경에 적응하지 못하는 것이다. 그들이 의지하던 울창한 숲은 점점 듬성듬성해지고 있고, 영양가 높은 키 작은 양치식물은 점점 줄어들고 있다. 초록색 풍경이 갈색으로 변하고 있다. 내가 여러분에게 들려주고 싶은 이야기가 바로 이거다. 세상이 달라졌다.

이게 다 화산 때문이다

할아버지의 할머니의 엄마의 아빠의 할아버지와 할머니 때부터 전해온 세상과 우리가 경험하는 세상은 너무나 다르다. 나는 할아버지와 나눈 이야기를 생생하게 기억한다. 할아버지와 이야기를 나누노라면 무수한 질문이 생겼다. 할아버지는 제대로 답을 해주지 않으셨지만 꼬리에 꼬리를 무는 질문 속에서 나는 답을 찾아갈 수 있었다.

나   할아버지, 저번에 누가 깊게 파놓은 굴에 들어가 봤더니
         거긴 땅이 붉은색이더라고요. 깜짝 놀랐어요.
할아버지 정말 붉은 땅을 봤다고? 나도 할아버지에게 그런 땅이 있

다는 얘기를 들었지. 모든 동물이 숨쉬기 좋았을 때는 땅이 붉은색이었는데, 숨쉬기 힘들게 되면서부터는 땅이 검은색으로 변했어. 예전에는 공기 속에 산소가 많았거든. 산소가 철분과 결합하면서 땅이 붉은색이었는데 이젠 산소가 없으니 땅이 검은색이 되었지.

나   산소가 많으면 뭐가 좋은 거예요?

할아버지   할아버지도 옛날 어른들이 해준 이야기를 들은 건데, 예전에는 절지동물들이 엄청나게 컸다는구나. 잠자리가 날개를 활짝 펴면 한쪽 끝에서 다른 끝까지 150센티미터나 되고, 우리보다도 훨씬 큰 다지류가 바위를 넘었다고 해. 산소가 많으면 숨쉬기 좋고, 지치지 않고, 조금만 먹어도 무럭무럭 자란다는 거야.

나   그런데 산소가 왜 줄어들었어요?

할아버지   산소가 조금만 만들어지기 때문이지. 산소는 주로 바다에서 만들어져.

나   바다에 가면 아무것도 없잖아요. 나무도 없고. 파도만 치던걸요.

할아버지   중요한 것은 눈에 안 보이는 곳에 있단다. 바다에 살고 있는 박테리아와 식물성 플랑크톤이 산소를 만드는 거야. 그런데 바다 환경이 나빠지면서 이들이 산소를 많이 만들지 못하는 거지.

나	바다 환경이 어떻게 나빠졌는데요?
할아버지	가장 큰 문제는 바다 온도가 올랐다는 거야. 온도가 오르면 물질대사가 활발해져. 그러면 산소가 더 많이 필요해. 네가 빨리 달리면 숨을 헐떡이는 이유가 뭐지? 산소를 더 많이 들이마시려는 거잖아. 그런데 더운 바다에는 산소가 조금밖에 녹지 못하거든. 바다 생물들도 산소가 있어야 숨을 쉴 텐데 산소가 적으니 살기 힘들지.
나	아니, 바다 온도가 왜 올라갔어요?
할아버지	그건 대기 온도가 높아졌기 때문이야. 세상이 더워지면 바다도 덩달아 뜨거워질 수밖에 없잖니.
나	그러면 대기 온도는 또 왜 올랐어요?
할아버지	다 화산 때문이란다. 러시아의 시베리아 트랩과 중국의 어메이산 트랩을 형성하는 거대한 화산이 터졌어. 이때 묻혀 있던 석탄이 드러났고 이것들이 타면서 공기 중으로 이산화탄소가 나오게 된 거지.
나	결국 화산이 터지면서 석탄에 갇혀 있던 이산화탄소가 공기 중으로 나오게 되었고, 이산화탄소 때문에 지구가 더워지고, 지구가 더워지니 바다도 더워지고, 바다가 더워지니 바다에 살면서 산소를 만들어내는 생명체들이 죽고, 그래서 산소가 조금 생기고, 그래서 땅은 검은색이 되고 우리는 숨쉬기 힘들어진 거군요.

할아버지	그래, 내 말이 바로 그거야. 그런데 그렇게 간단하지가 않아. 이산화탄소뿐만 아니라 메탄도 공기 중에 엄청나게 많이 생겼어.
나	메탄은 왜 생기죠?
할아버지	'흙에서 온 것은 흙으로 돌아간다'는 말이 있지? 그걸 쉽게 말하면 모든 생명은 죽으면 썩는다는 거야. 산소가 있는 환경에서 썩으면 결국 이산화탄소가 되는데 산소가 없거나 아주 적은 환경에서 썩으면 메탄이 된단다.
나	그런 곳이 있어요?
할아버지	있지. 땅속 깊은 곳이나 바다 깊은 곳 말이야. 바다 깊은 곳에서 생물이 썩어 만들어진 메탄은 메탄하이드레이트라는 구조 속에 갇혀서 바다 깊은 곳에 가라앉아 있어. 그런데 화산 때문에 이산화탄소 농도가 높아지고 공기와 바다가 데워지니까 메탄하이드레이트가 떠올라서 공기 중으로 메탄을 내보내는 거야. 그런데 메탄은 이산화탄소보다 수십 배나 강력한 온실가스거든. 그러니 지구가 점점 더 더워지지.
나	아무튼 화산 때문에 생긴 이산화탄소가 문제네요.
할아버지	그게 다가 아냐. 화산에서는 이산화황 같은 산성 가스들도 많이 나와. 공기 중에 있던 산성 가스가 구름을 만나서 비가 내리면 산성비가 되지. 원래 비는 생명의 원천이잖아.

그런데 산성비는 파괴의 무기야. 산성비는 토양을 산성화시키고 바닷물도 산성화시키지. 생명이 살 수 없게 되는 거야.

나   바닷물이 산성화되면 바다 생명들은 더 살기 힘들어지고 그렇게 되면 산소는 더 조금 만들어지겠네요. 할아버지, 그게 다예요? 뭐가 더 있는 것 아니에요?

할아버지   힘들어서 그만 얘기하려고 했는데 마저 이야기하마. 어차피 이 이야기를 해줄 시간도 지금뿐인 것 같으니 말이다. 이산화황은 산성비만 만드는 게 아냐. 이산화황부터 시작된 화학반응은 오존층을 파괴하는 촉매작용을 하지. 오존층이 얇아지면 동물과 식물에게 도달하는 자외선이 많아져. 식물들이 광합성을 하기 어려워지지. 그러면 또 산소는 덜 생기고, 이산화탄소를 공기에서 제거하는 것도 어려워지지.

나   어휴, 화산이 정말 무서운 거군요.

할아버지   그래, 그런데 문제는 우리처럼 지구를 지배하고 있는 디메트로돈조차도 화산을 어떻게 할 도리가 없다는 거야.

할아버지에게 이야기를 전해 들을 때도 두려웠고, 또 그 이야기를 우리 아이들에게 전할 때도 두려웠다. 하지만 우리가 할 수 있는 일은 하나도 없었다.

고생대 대멸종의 마지막 장면

나와는 서로 애써 무관심한 척하는 라이벌 파레이아사우루스가 요즘 많이 초췌하다. 매끈하던 피부는 온데간데없어졌고 몸이 매우 둔해졌다. 그래서인지 더 이상 예전 같은 자신감이 보이지 않는다. 심지어 눈빛에서는 절망마저 느껴진다. 나도 감히 덤비지 않는 초식동물의 왕인데 말이다. 동물을 쫓는 것도 아닌데 양치식물을 뜯어먹는 일도 어려워졌다는 뜻이다.

초식동물의 왕이 저 모양이니 작은 초식동물들은 오죽하겠는가? 그러니 내 삶은 어떻겠는가. 내 영역에 넘쳐나던 작은 양서류와 파충류가 눈에 띄게 줄었다. 이젠 억지로 찾아 나서야 할 정도다. 사냥은 예전에는 내게 일종의 놀이였다. 사생결단으로 나설 일이 아니었던 것이다. 배를 채우기보다는 쏠쏠하게 재미를 느끼기 위해 사냥했다. 일부러 내 존재를 드러내기도 했다. 다 옛날이야기다. 부질없는 추억이다. 이제 사냥은 더 이상 놀이가 아니라 생존을 위한 투쟁이다. 눈에 띈 먹잇감이 있으면 반드시 잡아야 한다. 그러지 않으면 또 언제 기회가 올지 모른다.

할아버지는 내게 옛날부터 전해오는 이야기를 들려주셨다. 그런데 오늘 나는 그게 옛날이야기가 아니라 현실임을 알게 되었다. 내가 발을 딛고 있는 대지가 떨렸다. 땅에 거의 붙어 사는 나도 몸을 가눌 수가 없을 정도였다. 어떻게 땅이 이렇게 흔들릴 수 있다는 말인가. 누구 발걸음 때문인가? 설마 동물 무리가 달린다고 이렇게 흔들리겠는가. 곧이어 땅이 포효하는 소리가 들렸다. 거칠고 맹렬했다. 그 누구도 내지 못할 소리고 이전에 들어보지 못한 소리다. 연기와 화산재 기둥이 하늘로 치솟았다. 언제나 우리에게 위로를 주던 태양은 화산재 구름 뒤로 희미한 주황색 원반으로만 남았다. 분명 낮인데 밤이 되었다.

멀리 붉은 강이 흘렀다. 화산에서 쏟아져나온 용암이다. 마치 강처럼 흐르는 용암은 자신을 막고 있는 모든 것을 불태웠다. 나무들이 횃불처럼 타오르자 사방은 화염과 연기에 휩싸였다. 매캐한 유황 냄새가 몰려오나 싶더니 목이 쓰라리고 눈이 따가워 미칠 지경이 되었다. 물을 찾아 웅덩이로 갔다. 내가 아는 온갖 동물이 몰려왔다. 우리에게는 배고픔도 두려움도 없었다. 오직 물에 얼굴을 담그고 마시고 씻고 싶은 마음뿐이었다. 하지만 우리 눈앞에는 배를 드러낸 채 둥둥 떠 있는 물고기들이 호수 표면을 덮고 있었다. 물에서 역한 냄새가 나고 쓴맛과 신맛이 났다.

우리는 직감적으로 눈치챘다. 이 물을 마시면 안 된다. 온갖 동물이 바다를 향해 길을 떠났다. 포식자와 먹잇감이 앞다투어 걸었다. 우리는 공격할 생각도 피할 틈도 없이 오로지 바다를 향해 걸었다.

해안선도 처참하기는 마찬가지였다. 얕은 바다에서 번성했던 해양 생물들이 한꺼번에 죽어가기 시작했다. 몸통이 부풀어 오른 물고기들은 이미 썩고 있었다. 물고기 썩은 내는 화산의 유황 냄새만큼이나 우리를 절망에 빠지게 했다. 말미잘은 촉수를 움직이지 못했고 화려한 색채를 자랑하던 산호들은 하얗게 굳어버렸다. 육지를 넘볼 수조차 없는 바다 생물의 상황은 우리보다 더 처참했다. 깊은 바다로 내려간 생물들은 더 힘든 일을 겪어야 했다.

산소를 잃은 바다는 여전히 출렁인다. 더운 공기 속의 산소는 농도가 너무 낮아 우리 허파까지 닿지 않는다. 파도는 여전히 출렁이지만 파도 소리는 들리지 않는 것 같다. 공기 중엔 슬픔에 잠긴 침묵만 가득하다. 나는 고생대 페름기 말 대멸종의 마지막 목격자다.

영원히 사라진 생명체들

디메트로돈이 마지막으로 남긴 말은 사실이 아니다. 그는 페름기 말 대멸종의 마지막 목격자라기보다는 '최후의 희생자'라는 표현이 맞다. 마지막 목격자는 대멸종에서 살아남았어야 한다. 나처럼 말이다.

나는 리스트로사우루스Lystrosaurus다. '삽처럼 생긴 도마뱀'이라는 뜻이다. 물론 도마뱀은 아니다. 디메트로돈과 같은 단궁류로 고생대 페름기 후기부터 중생대 트라이아스기 전기까지 살았다. 2억 5100만 년 전에 일어난 페름기-트라이아스기 멸종, 즉 세 번째 대멸종의 진정한 목격자다.

: 리스트로사우루스의 화석 복원본(체코 프라하공룡박물관). 세 번째 대멸종에서 살아남은 단궁류다.
중생대 트라이아스기 초기까지 살아남은 것으로 알려져 있다.

나는 세 번째 대멸종의 목격자로서 한 가지 사실만은 분명히 남긴다. 최고 포식자는 반드시 멸종한다. 또 최고 포식자가 아니라고 하더라도 생물량이 가장 많았던 생물은 반드시 멸종한다. 보통 두 가지를 겸하는 일은 없다. 먹이 피라미드의 가장 위를 담당하는 최고 포식자는 생물량이 적고, 생물량이 가장 많은 생물은 먹이 피라미드의 아래쪽을 담당하기 때문이다. 그런데 혹시 아는가? 최고 포식자이면서 생물량도 가장 많은 별난 생명이 등장할지. 만약 그렇다면 그 생물 종은 지구 역사상 가장 성공적인 생명일 것이다. 가장 성공적이지만 대멸종의 시기에는 가장 파멸적인….

지구에서 일어난 멸종 사건 가운데 세 번째 대멸종처럼 처참한 사건은 전무후무하다. 이때 생명의 95퍼센트가 멸종했다. 95퍼센트가 멸종했다는 뜻은 100마리 가운데 95마리가 사라졌다는 게 아니다. 100종의 생명이 살고 있었다면 이 가운데 95종은 단 하나도 살아남지 못하고 모조리 싹 다 죽어 사라졌으며, 나머지 5종만 살아남았는데 잘 살아남은 게 아니라 겨우 몇 개체씩만 살아남았다는 뜻이다. 학교에 100개 학급이 있다면 95개 학급은 모두 전학 가고 5개 학급만 남았는데 온전히 남은 게 아니라 한 반에 두어 명만 남은 상태다.

나는 세 번째 대멸종의 처참한 광경을 경험하고 목격했다. 우리 리스트로사우루스도 거의 사라졌다. 나를 비롯한 몇 개체만 살아남았다. 뭐 어떤가? 그러면 된 거다. 이제 내겐 천국 문이 열린 셈이니까. 나는 페름기 시절 겨우 멧돼지 크기로 겸손하게 초식 생활을 했다. 디메트로돈 같은 놈들에게 쫓기면서 살았던 걸 생각하면 지긋지긋하다.

이제 내가 어떤 지위를 누리고 살지는 내가 결정한다. 생태적 틈새ecological niche가 100개 중 95개 꼴로 비어 있다. 지금 5퍼센트의 틈새를 차지하고 있는 생명체들은 다른 틈새를 차지하려 들 것이다. 나도 마찬가지다. 최대한 새로운 환경에 맞춰 적응해야 한다. 우리는 이제 완전히 새로운 생명이 될 것이다. 그리고 먹이사슬은 다시 촘촘해지고 새로운 멋진 생태계가 풍성하게 열릴 것이다.

"보라! 새것이 되었도다!"

기후위기를 만든
석탄의 탄생

산소와 이산화탄소로 가득한 하늘을 날아다니는 기분을 어느 누구가 알까? 떠밀려 날아가는 게 아니라 자기 의지로 활공하는 것 말이다. 하늘을 날고 있노라면 내가 세상의 지배자라는 사실을 깨닫는다.

1000개의 조각눈으로 되어 있는 내 시야에 작은 양서류가 나타났다. 나는 그놈 위로 올라가 정지 비행을 하다가 급강하해 6개의 다리를 마치 바구니처럼 만들어 먹이를 잡아 강한 아래턱으로 부숴버린다.

나는야 3억 년 전 용파리, 메가네우라Meganeura다. '크다'라는 뜻

: 날개 길이가 무려 68센티미터에 이르는 메가네우라 화석 복원본(프랑스 툴루즈박물관). 3억 년 전 하늘을 누비던 고대 잠자리다.

의 '메가'와 '신경'이라는 뜻의 '네우라'가 붙어 지어진 이름이다. 그러니까 '커다란 신경'이라는 뜻이다. 내가 얼마나 크냐고? 날개 길이가 무려 75센티미터다. 3억 년 후 나타나는 가장 큰 종족인 페탈루라 인젠티시마Petalura ingentissima의 날개 너비가 겨우 16센티미터에 불과한 걸 생각하면 내가 얼마나 큰지 짐작이 갈 거다. 커다란 갈매기나 매를 생각하면 된다.

내 이름에 붙은 '네우라(신경)'는 오해에서 비롯되었다. 1880년 프랑스에서 내 화석을 처음 발견한 사람들이 화석에 드러난 날개 무늬가 하도 크다 보니 이걸 신경줄로 오해한 것이다. 하지만 너무 부끄러워할 필요는 없다. 실제로 내 날개에는 신경과 혈관이 존재하니까 말이다. 날개에 신경과 혈관이 존재하는 게 뭐 새삼스러운 일이냐고 생각할 수도 있다. 그런데 내 정체를 알면 의외라고 생각할 것이다.

나는 누굴까? 이미 이야기했다. 용파리라고. 용팔이가 아니라 용파리다. 영어로는 드래곤플라이dragonfly. 그렇다. 나는 3억 년 전 하늘을 누비던 고대 잠자리다. 잠자리는 3억 년 전부터 이미 비행의 천재였다. 빠르게 날 수 있을 뿐만 아니라 정지 비행, 후진 비행, 그리고 빠른 방향 전환이 가능하다. 유연한 날개 구조와 비행을 제어하는 복잡한 근육 구조가 민첩성이라는 결과를 낳았다.

내가 이렇게 커다란 덩치로 민첩하게 날 수 있었던 것은 나 혼자만의 노력 때문이 아니었다. 흔히 석탄기(3억 5890만~2억 9890만 년 전)라고 불리는 이 시기의 지구 환경이 내게 기회를 주었다. 바로 울창한 숲 덕분이다.

거대한 나무들로 뒤덮인 지구

고생대 석탄기는 성장과 다양성의 시대다. 지구를 낙원으로 그리고 싶다면 내가 살던 석탄기를 그리면 된다. 실제로 동물과 식물에게는 그런 천국이 따로 없었다. 일단 이산화탄소와 산소 농도가 매우 높았다. 이 독특한 조합은 식물이 번성하고 다양한 동물이 출현할 수 있는 이상적인 조건을 만들었다. 지구 역사상 유례없는 무성한 푸른 숲에서 복잡한 생태계가 진화했다.

석탄기 숲의 뿌리는 데본기로 거슬러 올라간다. 바다에서는 어류가 등장하고 이 어류가 다시 육지 환경을 탐해 양서류가 된 바로 그 시기다. 데본기에는 선태식물, 지의류뿐만 아니라 양치식물이 등장하기 시작했는데 양치식물은 관다발식물이다. 관다발식물이란 말 그대로 조직 속에 관이 다발로 있는 식물을 말한다. 목질화된 관을 통해서 물과 미네랄을 전달할 수 있다. 그 때문에 키가 더 커지고 다양한 환경에서 살 수 있다.

석탄기에 드디어 진정한 나무가 등장한다. 첫 번째 주인공은 양치¥齒식물. 잎이 양의 이빨처럼 갈라진 모양이라고 해서 붙은 이름이다. 현대의 양치식물은 고사리처럼 대부분 키가 작지만 석탄기의 양치식물은 거대한 나무로 자랐다. 고사리와 비슷하게 생겼다고 나무고사리라고도 부른다.

노목蘆木이라고 하는 칼라미테스Calamites도 그 가운데 하나다. 칼라미테스는 현대의 속새와 비슷하지만 굵기 30센티미터, 높이 10미터까지 자라면서 훨씬 더 큰 규모로 강둑과 범람원을 따라 빽빽한 숲을 형성했다. 인목鱗木이라고 하는 레피도덴드론Lepidodendron도 번성했다. 여기서 '레피도'란 '비늘'을 뜻하고 '덴드론'은 나무라는 뜻이다. 잎이 떨어져 나간 자리가 뱀가죽처럼 보인다고 해서 붙은 이름이다. 굵기 2미터, 높이 30미터에 달하는 커다란 나무로 성장

칼라미테스(왼쪽), 레피도덴드론(가운데), 시길라리아(오른쪽)의 상
상도. 석탄기의 나무들은 높이 10미터부터 80미터 이상까지 거대
하게 자랐다. ⓒFalconaumanni

했다.

줄기 표면에 마치 편지 봉인seal 같은 무늬가 있다고 해서 봉인목封印木이라고 하는 시길라리아Sigillaria도 있었다. 무늬는 잎이 떨어진 자국이다. 잎이 줄기에 직접 붙어 있었다는 뜻이다. 봉인목은 현대의 석송과 비슷하게 생겼지만 키가 보통 30미터, 큰 것은 80미터에 달했으며 줄기의 둘레는 20미터나 되었다. 노목, 인목, 봉인목은 대삼림을 이루었는데 모두 포자로 번식했다.

석탄기라고 해서 모든 양치식물이 거대하기만 한 것은 아니었다. 페콥테리스Pecopteris처럼 작은 양치류는 숲의 하층에서 중요한 부분을 차지하면서 숲의 생물 다양성 증가에 기여했다. 양치식물은 털이 달린 커다란 잎이 있어서 무성한 초목을 더욱 풍성하게 만들었으며 역시 포자를 통해 번식했다.

석탄기의 가장 중요한 진화 중 하나는 메두로사Medullosa 같은 종자 양치식물이 등장한 것이다. 포자로 번식하는 친척들과 달리 종자 양치류는 씨앗을 생산해 번식 성공률을 높이고 건조한 환경에서도 서식지를 형성할 수 있었다. 종자 양치류는 양치류와 종자식물 사이의 간격을 메워주었다. 종자식물 역시 관다발식물이다.

파수꾼처럼 우뚝 솟은 석송류, 나무고사리, 종자 양치식물의 조합은 넓고 울창한 숲을 만들었다. 높이가 30여 미터에 달하는 두꺼운 비늘 모양의 줄기가 하늘을 향해 뻗었고, 잎은 흐린 하늘을 배경으로 복잡한 무늬를 형성했다. 나무껍질은 숲 바닥에 매혹적인 모

찬란한 멸종

자이크를 만들어냈다. 숲 바닥에서 지붕 같은 나무꼭대기에 이르기까지 복잡한 여러 층의 생태적 틈새가 만들어졌으며, 이 복잡성은 식물, 초식동물, 포식자 사이의 풍부한 상호작용을 촉진했다. 그야말로 혁신과 적응의 황금기였다.

광합성하기 딱 좋은 조건

석탄기에는 어떻게 이처럼 거대한 숲이 형성될 수 있었을까? 이산화탄소 농도가 높았다. 지구는 원래 그랬다. 처음에는 이산화탄소만으로도 지구 대기압이 60기압에 달했을 정도다. 바닷속 깊이 600미터의 수압과 같은 압력이다. 당연히 육상에는 그 누구도 존재할 수 없었다. 엄청나게 덥기도 했거니와 압력을 버틸 수도 없기 때문이다.

다행히 지구는 다른 행성과는 달리 바다가 유지되었다. 상당히 많은 이산화탄소가 바다로 녹아들면서 대기 중 이산화탄소가 10기압까지 떨어졌다. 하지만 여전히 바닷속 100미터의 수압과 같다. 생명이 육상에서 살 수 없었다.

지구에는 여전히 지각 활동이 활발하게 일어났다. 또 다행이었다. 끊임없이 용암이 쏟아져 나오면서 용암 속의 마그네슘과 칼슘이 대기와 물속의 이산화탄소와 결합하면서 흙의 재료가 되었다.

석탄기 초기 대기 중 이산화탄소 농도는 2000피피엠까지 떨어졌다. 2000피피엠은 겨우 0.2퍼센트에 불과하다. 하지만 여전히 높은 농도다. 산업혁명 이전의 이산화탄소 농도 200피피엠, 즉 0.02퍼센트와 비교하면 무려 10배나 높았던 것이다. 21세기에 지구 대기 이산화탄소 농도가 400피피엠, 즉 0.04퍼센트가 되면서 거대한 열섬 현상이 나타난 것을 생각하면 석탄기의 이산화탄소 농도가 얼마나 높았는지 가늠할 수 있을 것이다.

대기 중 이산화탄소 농도가 높으니 온도는 당연히 높았다. 전 지구가 초열대 기후 지대가 되었다. 매일 비가 쏟아졌다. 식물의 입장에서는 천국이었다. 온도 높아, 이산화탄소 농도 높아, 물도 많아! 광합성에 필요한 모든 조건을 갖추었다. 늪지뿐만 아니라 평원과 산에도 아름드리나무가 가득했다. 에메랄드빛 초록으로 뒤덮인 지구의 공기는 습했으며 세상은 생명으로 가득했다.

광합성의 결과는 무엇인가? 첫 번째 결과는 화학에너지 생성이다. 태양에너지가 아무리 많아봤자 동물들은 사용하지 못한다. 태양에너지는 오로지 광합성을 하는 박테리아와 식물의 몫이다. 식물 광합성이 늘어나자 태양에너지가 어마어마한 양의 화학에너지로 전환되어서 식물이 번성했고 그 덕분에 동물들이 활용할 에너지가 풍성해졌다.

광합성의 두 번째 결과는 산소 기체 생성이다. 식물이 만들어놓은 화학에너지를 태워서 생활에너지ATP로 전환하는 데 꼭 필요한 게 산소다. 동물이 몇 분만 숨을 쉬지 못해도 죽는 이유가 바로 생활에너지를 얻지 못하기 때문이다. 석탄기 숲은 산소를 엄청나게 많이 생산했다. 대기 중 산소 농도가 35퍼센트에 달했다. 이게 어느 정도냐고? 현대 대기의 산소 농도가 21퍼센트라는 것을 떠올리면 된다.

2미터짜리 노래기가 등장하다

달려도 숨이 차지 않는다. 조금만 먹어도 에너지 효율이 좋아 무럭무럭 성장한다. 이런 시대에 내가 등장했다. 천국이 따로 없다. 산소가 풍부한 공기는 거대한 동식물의 성장을 촉진한다. 게다가 산불도 자주 일어난다. 산소 농도가 높으니 마른 나무가 쉽게 불에 타기 때문이다. 잦은 산불은 생태계를 젊게 유지하는 일등공신이다. 오래된 숲을 없애고 새로운 생명을 위한 길을 열어준다. 산불은 성장과 쇠퇴, 재생이라는 역동적인 리듬을 만들어 자연이 끊임없이 변화하게 만들어준다.

저 밑에 힐로노무스Hylonomus가 쓰러진 통나무와 덤불 사이를 이러저리 재빠르게 기어다닌다. 힐로노무스는 나와 같은 시대를 살고 있는 진짜 파충류다. 이름 자체가 '숲에 사는 것'이다. 크기는 20센티미터 정도로 현대의 도마뱀과 비슷하지만 도마뱀과는 별 관련이

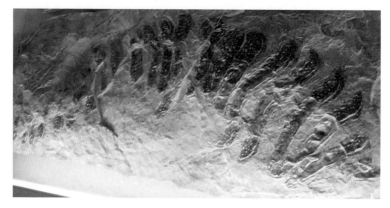

아르트로플레우라 화석(독일 젠켄베르크자연사박물관). 노래기의 일종으로 지구에 살았던 모든 무척추동물 가운데 가장 거대했다.

없다. 양서류의 특징(송과공, 피부뼈)과 파충류의 특징(턱근육, 단단한 알껍질)을 모두 가지고 있는 특이한 동물이다. 작고 뾰족한 이빨로 노래기나 작은 곤충을 잡아 먹고 산다. 힐로노무스는 작지만 끈질긴 생명체다. 육지와 물을 모두 탐색할 수 있는 개척자 같은 존재다. 그리고 내가 좋아하는 먹이다.

나는 크다. 그런데 나만 큰 게 아니다. 석탄기의 풍부한 식물은 초기 양서류, 곤충, 최초의 파충류를 비롯한 다양한 동물에게 먹이와 서식지를 제공했다. 높은 산소 농도 덕분에 거대한 크기로 성장할 수 있었다. 전갈 풀모노스코르피우스Pulmonoscorpius는 몸길이가 70센티미터에 체중이 25킬로그램이나 되었고, 거미는 다리 길이만 50센티미터에 달했다. 노래기의 일종인 아르트로플레우라Arthropleura는 길이가 2.6미터, 폭이 55센티미터, 체중은 50킬로

찬란한 멸종

그램에 달했다. 지구에 살았던 모든 무척추동물 가운데 가장 거대했다.

우리는 어떻게 이토록 커졌을까? 숲 덕분이다. 숲이 만들어낸 엄청난 산소 농도는 우리 절지동물을 크게 만들었다. 곤충이나 다지류는 체내 산소 공급을 거의 확산에 의존한다. 따라서 어느 정도 커지면 산소 공급이 안 되므로 성장의 한계가 있었다. 그런데 산소 농도가 높아지자 산소 공급은 덩치를 키우는 데 한계가 되지 않았다. 외골격이 버틸 수 있는 최대 크기로 자랄 수 있었다.

나는 하늘의 최고 포식자다. 게다가 눈도 좋다. 땅 위에는 매순간 멋진 장면들이 펼쳐진다. 거대한 지네처럼 그 많은 다리로 덤불 사이를 누비며 물결치듯 흐르는 아르트로플레우라의 움직임은 정말 아름답다. 꼬리의 독보다 거대한 집게를 사용해 공격하는 전갈 풀모노스코르피우스의 사냥법은 격조가 무엇인지 알려준다.

나는 덩치가 큰 만큼 많이 먹는다. 다행이다. 하늘에는 쉽게 사냥할 수 있는 나보다 작은 곤충이 얼마든지 널려 있다. 물론 양서류와 파충류도 별미다. 가끔 호수 위를 맴돌다가 물고기를 낚아채 먹는 재미도 빼놓을 수 없다. 사실 나는 웬만한 것은 다 먹을 수 있다. 강력한 하악골 때문이다.

하늘의 최고 포식자인 나도 땅에 내려서면 이야기가 달라진다. 나는 쉴 때도 거대한 날개를 접지 않기 때문이다. 커다란 날개를 편 채 쉬고 있으니 파충류의 사냥감이 되기 십상이다. 나만 그런 게 아니다. 현대 잠자리들도 마찬가지다. 고추잠자리Crocothemis servilia는 날개 길이가 채 4센티미터도 되지 않는다. 나와 비교하면 턱도 없이 작은 놈이다. 비행술도 뛰어나다. 하지만 잠시 쉬려고 풀잎에 앉을 때도 날개를 접지 않아 그 느려터진 인간의 미성숙 개체에게도 쉽게 붙잡히곤 한다.

숲 때문에 숨을 못 쉰다고?

내가 살던 시대의 지구 대륙은 하나가 되고 있었다. 거대한 판게아 초대륙이 형성되면서 바다는 판탈라사라고 하는 하나의 바다로 통합되었다. 광활한 대륙은 해안선을 잃고 몇 개의 작은 호수와 땅을 가로지르는 강과 접하게 되었다. 그래도 광활한 늪지대 숲이 지배하는 살기 좋은 환경이었다. 그런데 어느 날부터인가 세상이 추워지기 시작했다. 심지어 극지방에서는 빙하를 경험했다는 소문도 돌았다. 그러더니 내가 의존하던 열대 늪지대가 점차 줄기 시작했다. 휴식을 취하고 알을 낳을 곳이 사라졌다.

산소 농도도 점차 떨어지기 시작했다. 이제 숨을 쉬기가 힘들 정도다. 산소 농도가 떨어지니 비행도 제대로 못 하게 되었다. 산소가 온몸으로 확산되지 못하는 것이다. 어느 때부터인가 우리 메가네우라 가운데서도 덩치 작은 놈이 살기 좋은 시대가 되었다. 이러다가는 아예 메가네우라는 존재하지 못하게 될 것 같다. 나는 미처 경험하지 못했지만 석탄기가 끝나고 페름기가 되자 산소 농도는 20퍼센트까지 떨어졌다고 한다. 현대인이 경험하고 있는 21퍼센트보다도 낮은 환경이다.

대체 낙원이 왜 이렇게 변하는가? 숲이 변했기 때문이었다. 양치식물과 종자식물 같은 관다발식물이 대기 중의 이산화탄소를 소비하며 자기 몸을 거대하게 키웠다. 이 과정에서 대기 중 산소 농도가 높아졌다. 덕분에 풀모노스코르피우스나 아르트로플레우라 같은 땅바닥 생명체들의 몸집도 거대해졌고 나 같은 하늘의 지배자도 거대한 몸을 자랑할 수 있었다.

그런데 어느 순간부터 산소 농도가 조금씩 떨어졌다. 가만히 따져보니 종자식물이 본격적으로 등장한 다음부터다. 노목, 인목, 봉인목처럼 포자로 번식하는 양치식물에 비해 씨앗으로 번식하는 종자식물은 광합성 효율이 떨어진다. 그러자 산소 농도가 조금씩 떨어졌다. 아니, 석탄기의 자랑이 높은 산소 농도인데 어쩌란 말인가!

알고 보니 숲의 변화는 문제의 일부였다. 언제부터인가 지구가 확실히 시원해졌다. 내가 사는 곳은 괜찮지만 저 멀리 극지방에는 빙하가 형성되고 있다는 소문이 들렸다. 확실히 해안선이 이전보다 훨씬 뒤로 후퇴했다. 해수면이 낮아진 것이다. 이해가 되었다. 바다로 내려가야 할 물이 육지 위에 얼음으로 남았기 때문이다. 또 대륙이 합쳐지는 과정에서 해안선이 절대적으로 줄었다.

해안선이 줄고 해수면이 낮아지면 해양생물에게는 재앙이 닥쳐온다. 바다가 넓은 것 같아 보여도 대부분의 해양생물은 깊이 200미터의 대륙붕에서 활동하기 때문이다. 사실 산소의 3분의 2는 바다에서 만들어진다. 숲이 아무리 많아봤자 그 넓은 바다에서 활동하는 시아노박테리아와 식물성 플랑크톤의 맹활약에는 미치지 못한다. 이래저래 산소 농도는 줄 수밖에 없다.

그런데 이상하다. 왜 지구가 추워지는데? 이것도 숲이 한 짓이다. 양치류 숲 활동으로 대기 중 산소 농도가 높아지는 동안 이산화탄소 농도가 줄어든 것이다. 이산화탄소 농도가 줄어드니 추워질 수밖에! "그게 광합성이야!"라고 하면 안 된다. 생태계는 순환을 통해 유지되는 것이다. 광합성을 통해 제거된 이산화탄소는 다른 방식으로 다시 돌려져야 한다. 하지만 석탄기의 늪과 숲은 그걸 하지 않았다. 아니, 하지 못했다.

그렇다. 이게 문제였다. 우리에게 높은 산소 농도를 제공한 숲은 이산화탄소 농도를 유지할 능력이 없었던 것이다. 숲이 울창해진 덕분에 내가 커질 수 있었지만 울창해진 숲은 더 이상 나를 살 수 없게 만들었다. 결국 숲이 나를 추위로 내몰았다. 이산화탄소는 나쁜 게 아니다. 모든 동물이 숨 쉴 때마다 이산화탄소가 나온다. 이 이산화탄소가 식물로 들어가면 산소가 되어 나오고 온실 작용으로 기후를 유지하는 엄청난 역할도 한다. 그런데 우리 시대 숲은 이산화탄소를 빨아들이기만 할 뿐 그걸 다시 세상으로 돌려놓지 못했다. 그 대신 땅 깊은 곳에 석탄으로 저장해 버렸다.

나무의 죽음과 석탄의 탄생

석탄기의 울창한 나무들도 결국에는 죽는다. 죽으면 썩고 이 과정에서 이산화탄소가 다시 대기로 돌아간다. 이런 과정을 제대로 거친다면 지구 대기는 안정화될 것이었다. 하지만 이런 일은 일어나지 않았다.

석탄기의 나무들은 죽은 뒤 늪에 빠졌다. 늪 바닥은 산소가 없는 환경이다. 산소를 좋아하는 호기성 미생물이 활동할 수 없는 곳이다. 부패를 위해서는 산소 없는 환경을 선호하는 혐기성 미생물이라도 필요했지만 아직 나무를 분해하는 미생물들이 활발하지 못한 때였다. 이제 막 나무가 생겼으니 그런 미생물이 많지 않은 것은 당연했다.

늪지대에는 주기적인 홍수와 침하를 겪으면서 강과 다른 수역에서 쓸려 온 죽은 나무들이 쌓이기 시작했다. 홍수가 발생할 때마다 모래와 진흙이 추가되었다. 압력과 열을 받았다. 죽은 나무는 썩지 못하고 물리적, 화학적 반응을 했다. 이 과정에서 나무에서 수소와 산소 성분이 빠져나가고 탄소 성분만 남았다. 나무가 석탄이 된 것이다.

미국 버지니아주의 반무연탄 매장지. 지각의 조산운동 때문에 기울어진 모습이다. 늪에 빠져 썩지 못한 나무는 압력과 열을 받으며 탄소만 남아 석탄이 되었다.

　석탄은 여러 등급으로 나뉜다. 비교적 낮은 열과 압력으로 형성된 갈탄은 원래 식물 구조를 일부 가지고 있으며 부드럽고 부서지기 쉽다. 현대에 싼값으로 거래되고 있다. 압력과 온도가 높아지면 갈탄은 아역청탄과 역청탄을 거쳐 유연탄이 된다. 탄소 함량이 높고 더 단단하며 효율적으로 탄다. 현대에 산업용으로 사용된다. 더 높은 열과 압력으로 형성된 무연탄은 탄소 함량이 가장 높다. 가장 효율적으로 깨끗하게 타는 석탄이다.

나의 추위는 당신들의 더위다

이름도 찬란한 풀모노스코르피우스, 아르트로플레우라가 사라진다고 해서 지구에 전갈과 노래기가 사라지는 건 아니다. 돌연변이는 일상적으로 일어나고 자연은 그 가운데서 생존에 가장 적합한 생명체를 선택한다. 석탄기의 위대한 지배자 메가네우라가 사라지면 고추잠자리가 그 자리를 차지할 테다. 다만 걱정이긴 하다. 고추잠자리는 더 이상 하늘의 최고 포식자일 수는 없을 것 같다. 단지 땅에서 쉴 때뿐만 아니라 자기 머리 위에 누가 날아다니고 있는지 살펴야 할 것이다. 세상이 점점 팍팍해진다.

석탄기가 남긴 유산은 역시 석탄이다. 이게 얼마나 중요한지는 인간이 제일 잘 안다. 오죽하면 우리 시대의 이름을 석탄기라고 지었겠는가? 하지만 인간들이 애써 모른 척하려는 게 있다. 석탄이란 우리가 누려야 할 열이 땅속에 갇힌 결과다. 이 열을 3억 년 후에 인간들이 사용하는 것이다. 이 과정에서 인간들이 등장했을 때는 대기에 없던 이산화탄소가 대기로 흘러들어 간다. 우리는 더운 세상이 좋았지만 인간들에게도 그럴 거라고는 말하지 못하겠다. 보통 자신이 출현한 그 환경이 유지되는 게 생존에 가장 좋다. 그 환경에 적합해서 선택되었을 테니 말이다.

인간들이 석탄을 사용하려면 이때 발생한 이산화탄소를 제거할 방법을 찾아야 한다. 다시 땅에 묻든 우주로 보내든 플라스틱이나 벽돌 속에 저장하든 어떤 방법이든 써야 한다. 내가 석탄기 하늘의 최고 포식자로서 경험을 말하자면 아주 쉬운 방법이 있다. 숲을 늘리는 것이다. 석탄을 사용하려면 그 이전보다 훨씬 넓은 숲이 있어야 한다. 그렇지 않으면 조금씩 더워질 것이다. 이 쉬운 일을 하지 않으면 어떻게 될까?

나의 추위는 그대들의 더위가 될 것이다. 나는 추워서 사라진다. 그대들은 더워서 사라질지도 모른다. 알면서 당하면 바보다.

찬란한 멸종

네 번의 대멸종에서 살아남은 유일한 동물

자연사를 훑다 보면 경외감이 일다가도 금세 우울해진다. 자연사란 곧 멸종의 역사이기 때문이다. 바로 이 대목에서 내가 등장한다는 것은 세상 모든 생물에게 행운이다. 나는 멸종이 아니라 위대한 승리의 주인공이다. 나는 지혜롭고 용맹한 바다의 수호자다. 시간의 바다를 헤쳐나온 수많은 종의 위대한 후손이다.

나는 백상아리Carcharodon carcharias. 그렇다. 과거의 생명이 아니라 현대에 살고 있는 생물이다. 하지만 우리 상어의 이야기는 실루리아기와 석탄기 사이의 시기인 데본기(4억 1920만~3억 5890만 년 전)에서부터 시작된다. 상어는 4억 년 전 원시 심해에서 기원해 현대의 바다에 이르기까지 오랜 시간을 견뎌왔고 지배자로 살고 있다. 현대에 이르기까지 우리는 수차례의 대멸종을 견뎌냈다. 우리 상어의 이야기는 시련 속에서 살아남은 회복탄력성 이야기이며 적응과 방산의 대장정이다. 적응방산適應放散이란 한 종류의 생물이 여러 환경 조건에 적응해 다양하게 분화함으로써 짧은 시간 안에 여러 계통으로 갈라져 진화하는 현상을 말한다.

물고기 시대의 최상위 포식자

불과 6000만 년에 불과한 데본기 동안 생물상에 엄청난 변화가 발생했다. 육상에는 곤충과 거미가 나타나기 시작했으며 바다에는 드디어 어류가 등장했다. 그리고 그 가운데 일부에서 다리가 생겨났다. 다리가 생긴 어류는 육상으로 진출해 양서류로 진화했다. 기후 환경 덕분에 일어난 변화였다.

현대는 위도 60도 이상이면 극지라고 본다. 데본기 초기에는 숲과 산호가 지금보다 넓은 위도 70도까지 분포해 있었다. 지구가 매우 따뜻했다는 뜻이다. 산소 농도는 데본기 내내 현대와 비슷했으나 이산화탄소 농도는 2500피피엠으로 산업화 이전보다 12배가량 높았다. 기온도 20도나 되었다. 그런데 데본기 후기에는 숲과 늪의 범위가 현대보다도 훨씬 좁은 위도 35도까지 축소된다. 지구

찬란한 멸종

가 매우 추워졌다는 뜻이다.

데본기 바다의 개척자는 개형충Ostracod이라고 하는 작은 갑각류다. 평균 1~2밀리미터에 불과하지만 초기 해양 동물 중 가장 성공적으로 살아남아 엄청난 숫자로 번식하며 바다 먹이 그물에서 중요한 역할을 담당했다. 그리고 탄산칼슘의 외골격은 현대의 인간들이 지층 연대와 기후 환경을 파악하는 데 큰 도움을 주게 된다.

데본기는 무엇보다도 '물고기의 시대'라고 할 수 있다. 데본기 초기의 어류는 주로 갑주어였다. 이름대로 갑옷 같은 단단한 비늘과 골질로 덮인 외골격이 있었다. 갑주어는 커다란 두개골은 있지만 등뼈(척추)가 있었는지 알 수 없는 무악류다. 턱이 없는 물고기라는 뜻이다. 데본기에는 갑주어에서 턱과 옆지느러미가 있는 판피류로 진화했다. 둔클레오스테우스Dunkelosteus가 대표적인 판피류다. 또 판피류에서 경골어류가 진화했다. 갑주어가 사라지면 판피류가 등장하고, 판피류가 사라지면 경골어류가 등장하는 게 아니다. 이 어류

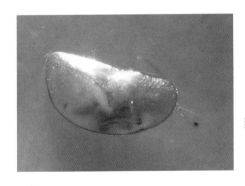

현대 북서부에서 발견된 개형충. 초기 해양 동물 중 가장 성공적으로 살아남은 종으로 담수, 반염수, 해수 등에 널리 분포한다.

들은 함께 살았다. 그러니까 데본기는 다양한 어류가 함께 살면서 현대 어류가 등장한 시기였다.

약 4억 년 전 데본기의 광활한 원시 바다에 등장한 강력한 존재인 상어는 이전의 해양 생물과는 다른 독특한 적응을 보여준다. 가장 큰 혁신은 단단한 경골이 아니라 가볍고 유연한 연골로 되어 있다는 점이다. 헷갈리지 마시라. 여기서 단단한 경골을 가지고 있는 동물은 어류가 아닌 다른 생명체를 말한다. 경골어류는 우리보다 나중에 생긴다. 연골은 놀랍도록 유연해 먹잇감을 능가하는 속도를 낼 수 있게 돕는다. 무거운 뼈가 없으니 몸집이 커질 수도 있다. 잠재적인 포식자가 절대적으로 줄어든다.

장점은 이게 전부가 아니다. 예민한 감각도 갖추었다. 특히 후각은 매우 놀라운데 물방울 100만 개 가운데 피가 한 방울만 있어도 감지할 수 있다. 옆줄은 물의 진동과 흐름을 인식한다. 이런 고도의

멸종된 넓은이빨청상아리의 이빨 화석(미국에서 발견된 것으로 추정). 상어는 연골로 이루어져 있어서 이빨만 화석으로 남는다. 상어 이빨은 가장 흔한 화석이다.

감각은 먹이를 탐지하고 추적하는 데 타의 추종을 불허한다.

가장 강력한 장점은 턱이다. 턱에는 날카로운 이빨이 여러 줄로 늘어서 있는데, 이빨은 빠져도 계속 나온다. 그래서 이빨이 빠지거나 마모되는 것은 아무 문제가 안 된다. 보통 상어는 평생 6000개 이상의 이빨을 간다. 상어는 언제든지 사냥에 나설 준비가 되어 있다. 또 턱은 어떤 동물의 가죽과 껍질도 찢고 부술 정도로 무는 힘이 강력하다. 이런 힘과 적응력 때문에 상어는 처음 등장할 때부터 효율적이고 치명적인 사냥꾼으로 자리매김할 수 있었다.

극한 시대의 생존 전략

등장할 때부터 강자였다는 이유만으로 우리가 자부심을 갖는 것은 아니다. 자연사에 그런 생명은 흔하다. 우리의 자부심은 회복탄력성에 있다. 우리는 수많은 격변을 겪어냈다. 데본기 후기의 대멸종 사건이 그 시작이다. 자연사에 남겨진 두 번째 대멸종이지만 우리 상어의 입장에서는 첫 번째 대멸종이다. 3억 5890만 년 전의 일이다. 물론 단 한 번의 사건이 아니라 수백만 년에 걸쳐 일어난 일련의 환경적 격변이었다.

대멸종에는 일정한 패턴이 있다. 해수면의 급격한 변화, 바다에서 광범위하게 일어나는 무산소증, 소행성 충돌, 대기의 산성화와 기온 상승 같은 것이다. 데본기 후기 대멸종 때도 마찬가지였다. 이때 해양 생물의 75퍼센트가 멸종했다. 육상 생물은 별로 없던 시절이었다. 생태계 전반이 붕괴했고 갑주어들은 이때 멸종했다.

그런데 어떻게 상어는 살아남을 수 있었을까? 우리는 조금이라도 더 유리한 조건을 갖춘 다른 서식지를 찾아서 이동했다. 유연한 연골을 기반으로 한 골격과 효율적인 호흡기 덕분에 데본기 말기의 변화무쌍한 산소와 수온 변화에 대처할 수 있었다.

우리의 먹이 전략도 결정적이었다. 특정 먹이에 집착하는 종은 먹이가 줄면 살아남기 힘들다. 하지만 우리 상어는 기회주의적인 사냥꾼이다. 작은 물고기에서 무척추동물까지 다 먹는다. 먹이의 전환이 쉽기 때문에 전통적인 먹이가 줄어들어도 상관없다. 상어가 존속하는 데 먹이의 유연성은 핵심적인 요소다.

번식 전략 역시 힘겨운 시기를 견디는 데 도움이 되었다. 상어는 다른 어류에 비해 번식률이 매우 낮다. 체내 수정을 한다. 짝짓기를 할 때 수컷은 생식기관인 교미기를 암컷의 총배설강에 끼워 넣어 정자를 내뿜는다. 교미기는 상어의 배지느러미가 변환된 것으로 육상동물의 페니스처럼 기능한다. 총배설강은 단공류를 제외한 포유류와 경골어류가 아닌 동물에게 있는 구멍으로, 배설기관과 생식기관 역할을 겸한다. 우리 상어는 번식률은 낮지만 새끼가 생존할 가능성은 매우 높다. 적은 수지만 생존력이 강한 새끼에 투자하는 전략 덕분에 다른 어류들의 숫자가 줄어드는 상황에서도 상어는 개체 수를 유지할 수 있다.

데본기 말의 두 번째 대멸종 때도 이와 같은 방식으로 우리는 살아남았다. 이후 바다가 안정되면서 초기 상어는 해양 포식자 가운데 가장 지배적인 집단으로 부상했다.

흥미진진한 상어의 세계

데본기의 뒤를 이은 시대는 동물과 식물의 황금기인 석탄기다. 새로운 생명이 등장하고 생태계가 확장했다. 육지에서는 광대한 늪과 숲이 형성되고 양서류가 활개를 쳤다. 바다에도 다양한 생태적 틈새가 생겨났다. 우리 상어들은 새로운 기회를 포착해 다양한 형태로 적응하고 바다의 최상위 포식자로서 입지를 굳혔다.

그런데 광활한 원시 바다에 강력한 존재들이 새로 등장했다. 데본기 말기에 등장해 석탄기 초기까지 번성했던 클라도셀라케Cladoselache도 그중 하나다. 1.8미터까지 자라는 몸은 유선형으로 비늘이 없고 두 갈래로 갈라진 꼬리가 있어서 민첩하게 움직인다. 아가미는 5~7개다. 현대 상어와 달리 주둥이가 짧은데 기다란 삼각형 가슴지느러미가 있어서 넓은 바다에서 효율적으로 헤엄친다.

같은 시기에 살았던 스테타칸투스Stethacanthus는 '가슴의 가시'라는 뜻인데 생김새를 보면 등 위에 다림판처럼 생긴 특이한 지느러미가 있다. 그래서 서양에서는 '다림판 상어 Iron-board Shark'라고 한다.
해저에서 느릿느릿 헤엄치면서 작은 어류나 두족류, 삼엽충을 먹고
살았다. 다림판처럼 생긴 지느러미는 헤엄치는 데 도움이 되지는
않는다. 오히려 속도를 늦춘다. 대신 둔클레오스테우스 같은 갑주
어 천적과 마주쳤을 때 덩치를 커다랗게 보이게 만드는 역할을 했

위 클라도셀라케 모형(미국 자연사박물관). 현대 상어와는 달리 주둥
이가 짧고, 기다란 삼각형 가슴지느러미가 달려 있다.
아래 스테타칸투스 상상도. 다림판처럼 생긴 지느러미가 있다. 덩치
를 커다랗게 보이게 만드는 역할을 했다. ⓒN. Tamura

다. 스테타칸투스는 비교적 작은 몸집이었지만 생존을 위해 창의적인 해결책을 고안한 것이다.

석탄기에 들어서자 상어는 매우 다양해졌다. 끊임없이 변화하는 해양 환경에 적응하기 위해 다양한 모양의 몸과 크기 그리고 먹이 전략을 진화시켰다. 일부 종은 얕은 바다에서 사냥했고 일부 종은 깊은 바다로 모험을 떠났다. 이 시기의 다양화는 이후 해양 생태계에서 상어가 지배적인 위치를 차지할 수 있는 발판을 마련했다.

석탄기 전기에 등장한 길이 30센티미터 미만의 팔카투스Falcatus는 머리에 앞쪽으로 휘어진 뿔처럼 생긴 지느러미 가시가 달려 있는 게 특징이다. 모든 개체에게 있는 것은 아니다. 수컷에게만 있다. 뿔이 없는 개체가 다른 개체의 뿔을 물고 있는 화석이 발견되었는데, 이것은 짝짓기 행동이다. 놀라운 성적 이형성이다.

오르타칸투스Orthacanthus는 석탄기 후기 늪지대에서 번성했다. 뱀장어처럼 긴 몸통은 최대 3미터까지 자라며 2개의 송곳니와 수많은 지느러미가 특징이다. 늪과 작은 호수 같은 민물 생태계의 최고의 포식자 가운데 하나로, 강력한 턱과 빠른 속력으로 물고기와 양서류를 잡아먹었다. 오르타칸투스는 가장 성공적인 민물상어였지만 세 번째 대멸종을 견뎌내지는 못했다.

다양성의 극치를 보여주는 상어는 헬리코프리온Helicoprion이다. '나선형 톱'이라는 뜻이다. 나선형 톱처럼 생긴 이빨이 아래턱을 가득 채우고 있다. 턱관절 바로 뒤의 양쪽 턱 연골이 나선형 이빨을

위 팔카투스 상상도(시드니 오스트레일리아박물관). 수컷의 머리에 앞쪽으로 휘어진 뿔처럼 생긴 지느러미 가시가 달려 있다.
가운데 오르타칸투스 상상도. 뱀장어처럼 긴 몸통은 3미터까지 자라며, 수많은 지느러미가 특징이다. ⓒMichael Rosskothen
아래 헬리코프리온 모형(시드니 오스트레일리아박물관). 나선형 톱처럼 생긴 이빨이 아래턱을 가득 채우고 있다.

찬란한 멸종

받쳐주었다. 턱을 닫으면 나선형 이빨이 회전 톱날이 도는 것처럼 뒤쪽으로 향해 이동하면서 먹이를 효과적으로 잘라냈다.

크세나칸투스Xenacanthus는 데본기부터 트라이아스기까지 살았던 민물 상어다. 그러니까 페름기 대멸종을 견뎌냈다는 뜻이다. 이름의 뜻은 '이질적인 가시'. 머리 뒤쪽에 기다란 가시가 달려서 붙은 이름이다. 가시는 현생 노랑가오리 꼬리에 달린 독침과 비슷한 역할을 했을 것이다. 몸길이가 2미터 정도인데 상어보다는 붕장어를 연상시키는 모습이다. 헬리코프리온과 크세나칸투스는 상어라기보다는 오래전에 갈라서서 다른 진화의 길을 간 은상어로 분류된다.

상어는 '동물계-척삭동물문-연골어강-판새아강'으로 분류되고 은상어는 '동물계-척삭동물문-연골어강-전두아강'에 속한다. 그

크세나칸투스 상상도. 머리 뒤쪽에 기다란 가시가 달린 붕장어 같은 모습이다. ©Catmando

러니까 같은 연골어류이기는 하지만 다른 동물인 것이다. 캐비아로 널리 알려진 철갑상어는 더더욱 상어가 아니다. 철갑상어는 '동물계-척삭동물문-조기어강-연질어아강'에 속한다. 조기어강이란 연골어류가 아니라 경골어류라는 뜻이다. 상어와는 정말 아무런 관계도 없다고 봐야 한다.

네 차례의 대멸종에서 살아남다

고생대와 중생대를 가른 페름기-트라이아스기 대멸종, 즉 세 번째 대멸종은 지구 역사상 가장 치명적인 멸종 사건이다. 지구 생명체의 95퍼센트가 사라졌다. 육상만의 문제가 아니다. 많은 해양 생물에게도 극복할 수 없는 시련이었다. 바다 역시 무덤으로 변했다. 수백만 년 동안 번성했던 생물종들이 짧은 시간에 사라지면서 생태계 전체가 붕괴되었다. 상어를 포함한 어류도 마찬가지였다.

하지만 우리의 조상 상어들은 놀라운 끈기와 회복력을 보여주었다. 환경이 아무리 치명적으로 변해도 지구 어딘가에는 살 만한 곳이 남아 있는 법이다. 우리 상어는 두 번째 대멸종을 겪어냈던 것처럼 세 번째 대멸종도 견뎌냈다. 고생대 데본기에 등장한 상어가 '데본기-(두 번째 대멸종)-석탄기-페름기-(세 번째 대멸종)-트라이아스기-(네 번째 대멸종)-쥐라기' 사이의 세 번의 대멸종을 견뎌내고 중생대 생물로 남았다.

새 술을 새 부대에 담듯, 중생대 환경에 맞는 새로운 상어들이 등장하면서 새로운 생태적 틈새에 적응하고 포식 기술을 연마했다. 히보두스Hybodus는 '혹 모양의 이빨'이라는 뜻이다. 몸길이는 2~3미터. 현생 상어보다는 턱이 조금 더 앞에 있다. 턱의 앞쪽에 있는 날카로운 이빨로는 물고기나 오징어처럼 미끄러운 먹이를 잡고, 턱의 뒤쪽에 있는 평평하고 단단한 이빨로는 갑각류, 성게, 암모나이트처럼 껍질이 단단한 동물을 부숴 먹는다. 히보두스는 트라이아스기에 등장하여 쥐라기 전기에 번성하였다.

크레톡시리나Cretoxyrhina는 이름만 들어도 왠지 친근한 느낌이 드는 상어다. 분필을 뜻하는 '크레타creta'는 '중생대 백악기Cretaceous

┊ 히보두스 모형(미국 자연사박물관). 턱 앞쪽의 날카로운 이빨로 물고기 같은 미끄러운 먹이를 잡고, 뒤쪽의 평평하고 단단한 이빨로 갑각류 같은 단단한 동물을 부숴 먹었다.

periode' 때문에 익숙하고, '옥시oxy'는 '산소oxygen'로 친숙하다. '날카로운' 또는 '산성의'라는 뜻이다. '리나rhina' 역시 '코뿔소rhinoceros' 덕분에 코를 뜻한다는 것을 알고 있다. 크레톡시리나는 '백악기의 날카로운 코'라는 뜻이다. 크레톡시리나는 몸길이 8미터, 체중 5톤에 달했다. 7센티미터까지 자라는 이빨로 모사사우루스 등의 중생대 거대 해양 파충류와 최고 포식자 자리를 다투었다.

6600만 년 전 육상의 공룡을 전멸시켰던 다섯 번째 대멸종마저 상어를 몰살시키지는 못했다. 우리 상어의 생존은 단순한 행운이 아니다. 그렇다고 대격변에 맞서서 싸운 불굴의 생존 의지의 결과도 아니다. 사람들이 나쁘게 평가하는 '기회주의'라는 성품 때문에 살아남았다. 일관된 입장 없이 그때그때 상황에 따라 자신에게 이로운 쪽으로 행동하는 것을 기회주의라고 한다. 인간사에서 기회주의자는 신념과는 상관없이 유리한 쪽에 빌붙는 사람을 뜻한다. 하지만 자연사에서 기회주의는 생존을 위한 핵심역량이다. 우리가 네 차례의 대멸종을 견뎌낸 것은 오로지 태초부터 우리를 정의해온 진화적 강점, 즉 기회주의적인 적응력 때문이다.

'큰 이빨' 메갈로돈의 시대

돌이켜 보면 우리 상어가 가장 힘들었던 시대는 중생대다. 거대

해양파충류는 우리보다 훨씬 크게 성장해 우리와 최고 포식자 자리를 다투었고 때로는 우리가 그들의 먹이가 되어야 했다. 하지만 다섯 번째 대멸종으로 육상에서 고양이보다 커다란 동물들은 전부 사라질 때 해양에서도 거대 파충류는 모두 사라졌다. 신생대 시대가 열리자 이제 우리 상어는 그 누구도 넘볼 수 없는 최고 포식자가 되었다.

메갈로돈Megalodon의 시대가 열렸다. 모사사우루스가 메갈로돈을 잡아먹는 장면이 나오는 영화 〈쥬라기 월드〉 때문이기도 하고 또 워낙 크기도 커서 흔히 사람들은 메갈로돈을 중생대 동물이라고 생각한다. 하지만 오해다. 고래보다도 나중에 생겼다. 5500만 년 전 거의 늑대처럼 생긴 고래 조상 파키케투스가 등장하고, 4000만 년 전 제법 현생 고래와 닮은 바실로사우루스가 등장한 지 한참 지난 다음인 2300만 년 전 마이오세 초기에야 메갈로돈이 등장했다. 그때부터 거의 2000만 년 동안이나 바다 생태계 최고 포식자 지위를 누리다가 360만 년 전인 플라이오세 후기에 사라졌다.

메갈로돈은 무슨 뜻일까? 지금쯤이면 짐작하는 독자들이 많을 것이다. '큰 이빨'이라는 뜻이다. 이름답게 몸 크기에 비해 이빨이 거대하고 두껍고 튼튼했다. 잇몸 아래에 있는 치근의 길이가 잇몸 위에 있는 치관의 길이보다 훨씬 길었다. 또 이빨의 톱니도 날카로워 고래 같은 거대 먹이를 먹어도 이빨이 부러지거나 빠지는 일 없이 쉽게 살을 뜯고 뼈를 자를 수 있었다. 커다란 이빨이 박혀 있는

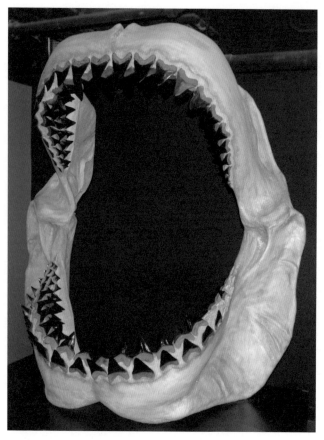

: 메갈로돈 이빨 화석(미국 뉴포트수족관). '큰 이빨'이라는 이름답게 거대하고 두껍고
  튼튼한 이빨을 가지고 거의 2000만 년이나 최고 포식자 지위를 누렸다.

찬란한 멸종

턱도 굉장히 두껍고 거대했다. 척추뼈는 200개 이상으로 모든 상어 가운데 가장 많았으며 지느러미도 컸을 것으로 추정된다.

추정이라고? 그렇다. 메갈로돈이 실제로 얼마나 컸는지는 나도 모른다. 왜냐하면 나도 소문만 들었을 뿐 실제로 보지 못했기 때문이다. 인간들도 화석을 보지 못했다. 그 커다란 동물이 왜 화석으로 남지 않았을까? 경골이 아니라 연골어류이기 때문이다. 연골은 화석으로 잘 남지 않는다. 다만 이빨 화석은 엄청나게 많이 남아 있고 가끔 척추뼈 조각이 발견되기도 했다. 이것으로 크기를 충분히 추정할 수 있다.

아니, 잠깐! 상어는 연골어류라서 뼈 화석이 남지 않는다더니 왜 이빨 화석은 남아 있는지 궁금하지 않은가? 어류는 무악류 →연골어류→경골어류 순으로 진화한다. 연골어류에게는 아직 뼈가 생기지 않았다. 상어 이빨은 뼈가 아니라 피부가 변형되어 생긴 것이다.

메갈로돈은 전 세계 바다에서 발견된다. 전 세계에 살았다는 뜻이며 이것은 메갈로돈의 적응력을 입증한다. 신생대 메갈로돈의 등장은 상어 진화의 정점을 보여준다. 신생대 육상에서는 포유류와 조류가 다양해지고 숫자도 늘어나는 시기인데 바다에서도 사정은 마찬가지였다. 풍부하고 다양한 생물이 넘쳤다. 메갈로돈은 대형 해양 포유류와 다른 강력한 생물을 잡아먹으며 생태계의 균형을 유지하는 역할을 담당했다.

'죠스' 백상아리의 시대

메갈로돈은 상어 진화의 정점이자 상어라는 존재의 의미를 가장 잘 보여준 완벽한 포식자였다. 하지만 세상에 영원한 생명체는 없다. 메갈로돈도 기후가 변하고, 먹이 가용성이 떨어지고, 또 다른 포식자와 경쟁하면서 결국 멸종의 길로 가고 말았다.

메갈로돈을 상상한 그림들이 많이 있는데 이것들은 모두 나, 즉 백상아리의 몸뚱이를 토대로 한 것이다. 백상아리가 메갈로돈과 가까운 관계라고 보는 시각이 많았다. 그들의 근거는 내 이빨과 어린 메갈로돈의 이빨 형태가 비슷하다는 것. 요즘은 메갈로돈이 나오는 약간 거리가 있고 별개의 진화 과정을 겪었다는 이론이 더 유력하다. 뭐, 그렇다고 섭섭하다는 것은 아니다.

내 조상은 메갈로돈이 아니라 허벨백상아리Carcharodon hubbelli다. 800만~500만 년 전에 살았다. 몸길이가 5미터 정도로 현생 백상아리와 비슷한 크기였는데 이빨 톱니는 메갈로돈처럼 거칠었으나 설측에 V자 모양의 띠가 있어서 이빨만 보고도 메갈로돈인지 허벨백상아리인지 구분할 수 있다. 주로 고래, 해양 포유류, 어류, 갑각류, 두족류 등 뭐든지 닥치는 대로 먹어치웠다. 이게 우리 상어의 장점이다.

잠깐, 설측이란 무엇일까? 순측과 반대되는 개념이다. 주둥이 쪽, 즉 바깥에서 보이는 이빨 면을 순측이라고 하고, 반대로 혀 쪽, 즉

찬란한 멸종

: 허벨백상아리 이빨 화석(시드니 오스트레일리아박물관). 설측에 V자 모양의 띠가 있다. 고래, 해양 포유류, 어류, 갑각류, 두족류 등 닥치는 대로 먹어치웠다.

안쪽에서 보이는 이빨 면을 설측이라고 한다. 육식공룡의 경우 순측은 볼록 튀어나와 있고 설측은 납작하다.

포유류가 육상을 지배하기 시작하면서 해양 생물 사이에도 새로운 다양성의 물결이 일기 시작했다. 신생대 동안 상어는 진화를 거듭했고 해양 생태계를 이용하고 조절하는 새로운 종들이 등장했다. 현대에도 몸길이 12미터에 달하는 고래상어Rhincodon typus부터 20센티미터가 채 안 되는 난쟁이랜턴상어Etmopterus perryi까지 500종이 넘는 다양한 상어가 살고 있다.

고래상어의 속명 린코돈Rhincodon은 '거친 이빨'이라는 뜻인데 거

몸길이 12미터에 달하는 고래상어. 현대 바다에서 가장 큰 어류다. 넓고 납작한 머리 그리고 1.5미터가 넘는 넓적한 입이 특징이다.

친 피부와 이빨을 설명하는 이름이다. 하지만 고래상어를 비롯해서 플랑크톤을 먹는 종류는 이빨이 작다. 먹이를 이빨로 잡는 게 아니라 아가미에 있는 돌기로 잡기 때문이다. 고래상어는 현대 바다에서 가장 큰 어류다. 넓고 납작한 머리 그리고 1.5미터가 넘는 넓적한 입이 특징이다. 생긴 게 고래와 비슷하고 또 수염고래처럼 여과 섭식하는 모습이 비슷해서 붙은 이름이다. 플랑크톤이 풍부한 열대와 온대 바다에서 자주 만날 수 있는 고래상어는 수염고래처럼 입을 벌리고 헤엄쳐 다니며 10여 개의 여과기관으로 플랑크톤과 작은 물고기를 걸러내어 먹는다.

현생 상어들도 각자 자기가 맡은 역할이 있다. 망치 모양의 독특한 머리를 하고 있는 귀상어Sphyrna zygaena는 360도 시야를 가지고 있으며 생체 전자기장을 정밀하게 감지할 수 있다. 뛰어난 감각 능력을 이용해 모래 속에 묻힌 먹이를 사냥한다. 현재까지 밝혀진 유일한 잡식성 상어로 해초도 먹는다. 또한 단 한 번도 사람을 죽인 것으로 보고되지 않은 상어이기도 하다.

사람들은 상어를 두려워한다. 매우 유감이다. 우리는 사람들이 그렇게 미워하고 두려워할 정도로 사람을 해치지 않는다. 1년에 상어에게 물려 죽는 사람은 보통 6~10명 정도다. 그런데 사람에게 사냥당해 죽는 상어는 한때 매년 3억 마리에 달했다. 그나마 인간들이 개과천선해서 요즘은 1억 마리 이하로 줄었다. 그러니 우리가 당신네 인간을 두려워해야지, 인간이 우리네를 두려워하는 건 조금

머리가 망치 모양인 귀상어. 360도 시야를 가지고 있으며 생체 전자기장을 정밀하게 감지해 모래 속에 묻힌 먹이를 사냥한다.

웃긴 얘기다.

상어는 사람이 있는 곳을 좋아하지 않는다. 간혹 실수로 인간 동네를 찾아간 상어를 발견한다면 어여삐 여기고 바다로 돌려보내주시라. 왜냐하면 우리 상어는 핵심종keystone species이기 때문이다. 핵심종이란 적은 개체가 존재하지만 생태계에 큰 영향을 미치는 생물종을 말한다.

핵심종은 사냥을 통해 생태계에 영향을 준다. 옐로스톤 국립공원에서 늑대를 소탕하자 사슴이 엄청나게 불어나서 환경이 황폐화된 적이 있었다. 다시 늑대를 들여놓으면서 문제가 해결되었다. 사람도 없고 포식자도 없는 무인도에 염소 몇 마리를 풀어놓았다가 섬이 감당하지 못할 정도로 황폐해진 사례도 있다. 홍합을 잡아먹는다는 이유로 불가사리를 무작정 제거하면 그 생태계는 폭발적으로 늘어나는 홍합의 개체 수를 감당하지 못해 망가진다.

바로 나, 백상아리는 현대의 상징적인 포식자 중 하나다. 하지만 해양 생태계에서 핵심종 역할을 할 뿐, 인간에게는 그다지 해가 되지 않는다. 〈죠스〉는 영화일 뿐이다. 우리가 네 차례의 대멸종을 겪으면서도 여전히 버티고 있는 이유가 무엇이겠는가? 우리의 기회주의적인 속성 때문이기도 하고 생태계에 꼭 필요한 핵심종이기 때문이다. 인간은 우리에게 배우시라. 지구에서 조금이라도 더 버티고 싶다면.

마침내 눈이 생기다

시간 여행자여, 우리 세계에 온 것을 환영한다. 나는 삼엽충이다. 여러분은 이곳이 낯설겠지만 이곳은 내가 아는 유일한 고향이다. 우리는 앞으로 수억 년 동안 살아갈 것이다. 바다에는 우리가 등장하기 전부터 수많은 동물이 살고 있었지만 이젠 우리가 이 고대 바다를 탐험할 차례. 여러분은 나와 함께 지구 생명사에서 가장 결정적인 순간을 목격할 것이다.

우리의 우주는 물로 가득 차 있다. 그렇다. 우리에게는 바다가 곧 우주다. 바다 위로는 그 누구도 존재하지 않는다. 그 누구도 물 위로는 나가볼 생각도 하지 않았다. 누군가는 시도해 봤겠지만 우리 힘으로는 물 표면 위로 몸을 내밀 수조차 없다. 보이지 않는 힘이 우리를 밀어내기 때문이다. 우주는 출렁인다. 바다 위에서 보면 파도가 출렁이겠지만. 물 위를 본 적이 없으면서 어떻게 아느냐고? 이곳 바다 밑바닥에 햇빛이 출렁거리는 것을 보면 알 수 있다. 파도 사이로 투과된 햇빛이 바다 바닥에서 출렁거리는 무늬를 만드는 것이다. 바로 이 바다에 원시적인 생명체들이 떠돌아다닌다.

나는 삼엽충Trilobites이다. 어떤 현대인은 나를 그저 벌레라고 부르겠지만 나는 단순히 두 글자로 부를 수 있는 그런 존재가 아니다. 내 몸의 길이는 천차만별이다. 보통은 3~10센티미터 정도지만 1~2밀리미터에서 70센티미터까지 다양하다. 하지만 크기와 상관없이 우리에게는 공통점이 하나 있다. 그것은 바로 몸을 세 부분으로 나눌 수 있다는 것이다. 몸을 나눌 수 있다고?

"○을 세 부분으로 나누면 ☐, ☐, ☐ 다."

○에 '사람'을 넣는다면 세 개의 ☐에는 각각 '죽', '는', '다'를 적어 넣어야 할 것이다. 하지만 ○이 '곤충'이라면 ☐에는 각각 '머리', '가슴', '배'라고 적을 것이다.

사람과 달리 곤충은 몸을 나눌 수 있다. 몸통이 분절되어 있기 때문이다. 쉽게 말해 마디가 있다. 이런 동물을 절지동물節肢動物이라고 한다. 마디와 다리가 있다는 뜻이다. 삼엽충도 몸을 세 부분으로 나눌 수 있는 절지동물이다.

세 부분으로 나눈다면 여러분은 아마도 '머리, 가슴, 배'를 생각

할 것이다. 미안하지만 나는 아니다. 그건 곤충이다. 나는 곤충이
아니다. 머리, 몸통, 꼬리로 나누니까 말이다. 곤충은 '절지동물문-
곤충강'에 속하고 우리 삼엽충은 '절지동물문-삼엽충강'에 속한다.
지금은 곤충이 채 탄생하지도 않은 고생대 캄브리아기다.

　우리 삼엽충은 지구에 가장 먼저 등장한 절지동물 가운데 하나
다. 몸의 형태는 화석으로 잘 남아 있다. 우리 몸은 현대 게처럼 단
단하고 석회화된 외골격으로 보호되어 있기 때문이다. 우리 외골격

삼엽충 화석(미국 휴스턴자연과학박물관). 지구에 가장 먼저 등장한 절지동물
가운데 하나다. 왼쪽 가슴엽, 오른쪽 가슴엽, 중심축엽이 있어서 삼엽충이다.

모습을 보고 사람들은 우리를 삼엽충三葉蟲이라고 부르게 되었다. 가로로 '머리-몸통-꼬리'로 나뉘기 때문이 아니다. 우리 몸은 세로로도 나뉜다. 우리 몸에는 길이를 따라 세 개의 엽이 달려 있다. 양쪽에 왼쪽 가슴엽과 오른쪽 가슴엽이 있고 한가운데에는 중심축엽이 있다. 여기서 삼엽충이라는 말이 나왔다.

몸 아래로는 관절로 연결된 작은 다리가 튀어나와서 먹이와 안식처를 찾아 끊임없이 돌아다닌다. 우리의 다리는 몇 개일까? 6개는 당연히 아니다. 우리는 곤충이 아니니까. 우리 삼엽충은 종에 따라서 15~20쌍, 즉 30~40개의 다리가 있다.

또 하나의 빅뱅, 눈의 탄생

삼엽충은 지구상에 존재한 모든 절지동물 가운데 가장 성공적으로 널리 퍼진 생명체다. 우리는 해저에서 찾을 수 있는 모든 유기물을 먹고 사는 청소부이자 때로는 포식자다. 우리는 얕은 연안에서 깊은 심연에 이르기까지 고생대 바다의 모든 곳, 모든 시대, 즉 캄브리아기, 오르도비스기, 실루리아기, 데본기, 석탄기, 페름기에 걸쳐 살았다.

여기서 잠깐! 유기물이란 무엇인가? 유기물이란 생명에서 기인한 모든 물질을 말한다. 탄수화물, 단백질, 지방, 비타민, 핵산 같은

찬란한 멸종

것에서 온 것들이다. 모든 유기물은 공통점이 있다. 바로 탄소가 들어 있다는 것이다. 왜냐하면 생명의 모든 분자는 탄소로 된 뼈대를 기반으로 만들어지기 때문이다. 우리가 영양소라고 하는 것 중 물을 제외하면 모두 유기물이다.

삼엽충이 고생대 바다에서 성공한 가장 큰 이유는 바로 세상을 볼 수 있게 되었기 때문이다. 우리는 눈을 개발했다. 눈이 생기기 전 고생대 동물의 삶은 매우 힘들었다. 동물들은 오로지 촉각과 화학적 신호에 의존해 먹이를 찾고 위험 요소를 피했다. 솔직히 말하면 찾고 피하는 게 아니라 거의 우연에 의존해야 했다. 입을 벌리고 다니다가 누군가 입에 들어오면 맛있게 먹고, 내가 누군가의 입에 들어가면 재수 없게 죽는 거였다. 우리 삶에는 목표라는 게 없었다.

그런데 자연사에 새로운 장이 시작되었다. 생명에게 눈이 열리자 각자의 삶에 목표가 생기기 시작했다. 우리는 누구로부터 도망가고 누구를 쫓아가야 하는지 한눈에 깨달았다. 눈이 새로운 우주를 우리에게 선사했다. 모든 것이 바뀌었다. 세상이 갑자기 선명하고 활기차게 보였다. 멀리서 다가오는 포식자를 볼 수 있었고, 돌 틈에 숨어 있는 작은 먹이를 쉽게 찾을 수 있었다. 심지어 눈을 통해 동료들과 신호를 주고받을 수도 있었다. 생명의 색깔과 모양이 다양해졌다. 그리고 점점 커지기 시작했다. 눈이 등장하자 생명의 다양성이 폭발적으로 증가했다. 생명의 빅뱅이 일어났다.

137억 년 전 빅뱅으로 우주가 탄생했다. 그런데 빅뱅은 또 있었다. 지구 바다라는 우주에서 5억 4100만 년 전 또 한 차례의 빅뱅이 일어난 것이다. 생명의 대폭발이다. 약 5340만 년 정도 지속된 캄브리아기 동안 진화가 전례 없는 대폭발을 일으켰다. 생명체는 이전에는 볼 수 없었던 속도로 더욱 다양하고 복잡해졌으며, 그 이전에는 상상하지 못했을 정도로 빠르게 진화했다.

마치 자연이 갑자기 성대한 파티를 열어 수많은 새로운 생물을 초대하기로 결정한 것 같았다. 그리고 이 파티는 충분히 참석할 가치가 있었다. 단순히 놀고 마시는 파티가 아니라 각자가 자신을 과시하는 잔치였다. 참석자들은 파티에 온 모두에게서 커다란 통찰을 얻었다. 그 결과는 바로 군비경쟁이었다. 한 생명체가 새로운 형질과 적응을 진화시키면 경쟁자와 포식자도 이를 빠르게 따라잡았다.

운동과 반동, 혁신과 반혁신의 지속적인 수레바퀴가 도는 것 같았다. 어느 날 우리가 몸을 더 잘 보호하는 방법을 발견했다고 생각해 보라. 더 단단한 껍질을 만들거나 빠르게 움직이는 새로운 방법을 개발했다. 하지만 포식자들은 곧 우리의 방어를 우회하는 방법을 알아낸다. 모든 존재가 더 빠르고, 더 똑똑하고, 더 전문화되도록 강요받는 것이다.

캄브리아기 폭발로 인해 새로운 신체 구조와 형태의 생명체가 많이 등장했다. 생물은 껍질과 외골격 같은 단단한 부분을 개발해 더 튼튼해졌다. 튼튼하다는 것은 포식자로부터 안전하다는 것을 뜻할 뿐만 아니라 더 커질 수도 있다는 것을 의미한다. 더불어 이동과

찬란한 멸종

위왁시아 화석(미국 스미스소니언국립자연사박물관). 눈이 없는 무척추동물로, 캄브리아기에 살았다.
포식자를 피해 도망 다니는 대신 바늘 같은 단단한 껍질로 몸을 보호했다.

감각 능력이 발전하고 먹이 전략이 더 복잡해졌다.

눈이 생기기 전에는 생명이 단순했다. 하지만 캄브리아기에는
더 복잡한 생명체가 등장했다. 분절된 몸, 관절이 있는 팔다리, 복
잡한 입이 있는 생물들이 등장했고, 각 생물은 환경과 생활 방식에
맞게 독특하게 적응했다.

캄브리아기 바다의 생명체들

눈의 탄생이라는 혜택을 우리 삼엽충만 받은 게 아니었다. 이 태고의 바다를 함께 나눈 동료들 모두에게 눈이 생겼다. 몇몇 동료를 소개하겠다. 이들은 정말 멋진 동물들이다. 태고의 아름다움을 보시라.

첫 번째 동료는 할루키게니아Hallucigenia다. 길이는 0.5~3.5센티미터. 화석을 처음 발견했을 때 마치 환각hallucination을 보는 것 같다고 해서 붙은 이름이다. 등과 배에 가시가 나 있는데 처음에는 어디가 앞이고 뒤인지, 또 어디가 위이고 아래인지 구분하지 못했다. 머

할루키게니아 상상도. 등과 배에 가시가 나 있는데 처음 화석을 발견했을 때는 어디가 앞이고 뒤인지, 또 어디가 위이고 아래인지 구분하지 못했다. ©Dotted Yeti

찬란한 멸종

리가 달린 화석을 찾지 못했기 때문이다. 2015년에야 머리가 달린 화석을 연구한 논문이 공개되면서 수수께끼가 풀렸다. 등에 있는 가시는 별로 쓸모는 없지만 방어용이었고 아래쪽 가시는 다리 역할을 했다. 머리에는 당당하게 눈이 달려 있다.

두 번째 동료 오파비니아는 정말 아름다운 동물이다. 외계 생명체처럼 보일 정도로 신체 구조가 기괴하다(24쪽 도판 참조). 코처럼 보이는 길쭉한 부속물을 통해 먹이를 집어 먹고, 송이버섯처럼 튀어나온 자루눈 5개로 모든 방향에서 먹이 또는 포식자를 감지한다. 캄브리아기 바다에서 가장 시력이 좋은 생물 중 하나다.

세 번째 동료 아노말로카리스Anomalocaris는 '이상한 새우'라는 뜻의 절지동물이다. 다른 동료들과 달리 매우 크다. 웬만하면 50센티미터가 넘고 심지어 1미터가 넘는 개체도 있다. 얼굴 아래쪽에 원뿔 모양의 입이 달려 있으며, 머리에는 기다란 14마디의 촉수 같은 부속지附屬肢 2개가 있다. 몸의 양옆에는 마디마다 지느러미들이 달려 있는데, 지느러미 뒤쪽이 다음 지느러미 아래로 포개지는 형태다. 이 구조는 마치 하나의 지느러미인 것처럼 유연하게 움직여서 부드럽게 헤엄치도록 만든다.

아노말로카리스의 가장 큰 특징도 역시 눈이다. 아노말로카리스는 큰 머리 위에 2개의 자루눈이 있는데, 각 자루눈은 1만 6000개의 낱눈으로 구성된 겹눈이다. 우리 삼엽충의 눈보다 시력이 30배나 좋다. 현생 잠자리와 비슷한 정도의 시력이다. 꼭 이런 식이다.

아노말로카리스 상상도. 뛰어난 시력과 빠른 움직임으로 먹이를 쉽게 포획하기 때문에 가시 돋친 팔 근처에는 가까이 가지 않는 게 좋다. ⓒDotted Yeti

눈은 우리가 먼저 개발했는데 후발 주자들이 더 좋은 눈을 갖는다.

아노말로카리스가 우리 삼엽충을 잡아먹을 거라고 생각하는 사람이 많다. 아노말로카리스에게 물리지 않으려고 우리 삼엽충이 몸을 둥글게 마는 버릇이 있다고 생각하기도 한다. 하지만 그런 걱정은 그만두시라. 아노말로카리스는 그럴 만한 힘이 없다. 아노말로카리스는 작고 부드러운 몸을 가진 동물을 흡입해 먹는다. 우리 시대의 최상위 포식자이긴 하지만 크게 위협적이지는 않다. 하지만 뛰어난 시력과 빠른 움직임으로 먹이를 쉽게 발견하고 포획하기 때문에 가시 돋친 팔 근처에는 너무 가까이 가지 않는 게 좋다. 방심하면 우리도 당할 수 있다.

나를 비롯한 캄브리아기 초기 동물들은 각각 생명체의 다양성을 일궈내는 진화의 힘을 증명하는 증거들이다. 우리는 바다라는 우리의 우주에서 고유한 방식으로 생존하고 번성하기 위해 적응하고 있다. 그리고 이 모든 것은 눈의 탄생에서 시작되었다. 눈의 탄생은 시작에 불과했다. 눈은 새로운 생명체가 폭발적으로 증가해 지구 생명의 미래를 형성하는 연쇄 반응을 촉발했다.

눈의 탄생에 관한 미스터리

눈이 없던 시절 바다의 동물들도 빛의 세기가 변하는 것은 알 수 있었다. 빛의 세기에 반응하는 눈은 있었던 것이다. 이 세포가 수백만 년에 걸쳐 더욱 전문화되고 복잡해졌다. 그러다 지구 역사상 처음으로 동물 하나가 눈을 떴는데, 그게 바로 나다.

이 변화에 무려 100만 년이나 걸렸다. 혹자는 따지고 싶을 것이다. 눈이라고 하는 어마어마한 장치가 발생하는 데 100만 년은 너무 짧은 시간이 아니냐고 말이다. 맞다. 자연사에서 100만 년은 짧은 시간이다. 그게 바로 진화의 묘미다. 단순한 산수 계산을 해보자. 한 세대당 0.005퍼센트의 변이만 있으면 빛을 구분하는 눈이 물고기의 눈이 될 때까지 40만 세대면 충분하다. 각 세대가 1년이라고 해도 40만 년이면 효율적인 상을 맺는 눈이 생길 수 있다. 그런데 100만 년이나 걸렸다. 아마 누군가가 생명에게 눈을 부여하고 싶었다면 이렇게 오래 걸리지는 않았을 것이다. 진화에는 목적이 없다 보니 이렇게 오래 걸렸다.

'목적이 없는 진화'라는 말을 들으면 흥분하는 사람들이 있다. 바로 창조과학자들이다. 그들은 생각한다. 눈은 수정체, 망막, 홍채 같은 구성 요소가 함께 작용하면서 시력을 만들어내는 복잡한 구조다. 눈처럼 완벽하고 기능적인 기관이 어떻게 일련의 작고 점진적인 변화를 통해 진화할 수 있었을까? 쉽게 말할 수 있는 답이 아니었다. 창조과학자들은 눈을 진화이론의 약한 고리로 보고 공격했다. 화려한 수사로 포장했지만 그들의 주장은 결국 "눈은 너무 복잡하다. 진화해서 생길 수 있는 게 아니다"라는 것이다.

정말일까? 우리 삼엽충 입장에서 봐도 눈이 복잡하다는 것은 인정한다. 그러니 쉽게 진화 과정을 설명할 수도 없었다. 심지어 찰스 다윈도 『종의 기원』에서 같은 고백을 했다.

"쉽게 흉내 낼 수 없는 이 모든 기능을 감안할 때, 눈이 자연 선택을 통해 형성된다는 것은 대단히 터무니없는 일처럼 보인다."

하지만 포기하지 마시라. 과학은 "모른다"라는 고백에서 시작한다. 다윈은 고백에서 그치지 않았다. 다윈은 눈의 복잡성이 진화이론을 포기할 핑곗거리가 아니라 계속해서 고심해야 할 도전 과제로 보았다.

다윈의 자연 선택 이론은 작고 유익한 변화가 오랜 기간 쌓여서 복잡한 형질로 진화한다는 점진주의에 기초하고 있다. 그러나 눈의 복잡성은 이 개념을 거스르는 것처럼 보였다. 단순히 빛에 민감한 패치에서 완전한 기능을 갖춘 눈으로 진화하기 위해 필요한 수많은 중간 단계를 상상하는 데 어려움을 겪었다.

다윈의 주요 관심사 중 하나는 눈의 진화에 있어 그럴듯한 중간 단계를 찾아내는 것이었다. 각 단계는 기능적이어야 하고 생명체에 선택적 이점을 제공해야 했다. 완벽하지 않고 어정쩡하게 부분적으로만 형성된 눈이 어떻게 유리할 수 있는지, 그리고 자연 선택을 통해 각 발달 단계가 어떻게 보존될 수 있는지를 설명하는 것이 과제였다.

다윈은 자연 선택이 어떻게 목적에 완벽하게 적응한 기관을 만들어낼 수 있는지 의문을 가졌다. 이렇게 복잡한 기관이 의도적인 설계 없이 생겨날 수 있다는 생각은 거의 상상할 수 없는 일처럼 보일 정도였다. 이러한 우려에도 다윈은 눈의 진화가 자신의 이론에서 극복할 수 없는 문제라고 생각하지 않았다. 그는 자신의 의구심에 대해 몇 가지 요점을 제시했다.

다윈은 현생 생물의 눈의 복잡성 수준이 다양하다는 점에 주목했다. 요즘도 단순한 빛에 민감한 세포부터 척추동물의 복잡한 카메라 같은 눈까지 자연계에는 다양한 수준의 눈이 존재한다. 이러한 다양성은 서로 다른 수준의 시력을 제공하는 수많은 중간 형태가 존재할 수 있는 진화 경로를 보여주는 것이다. 또한 다윈은 빛에 대한 감도나 움직임을 감지하는 능력이 조금만 향상되어도 생존에 상당한 이점을 제공할 수 있다고 주장했다. 따라서 눈의 진화에 있어 각 중간 단계는 유익할 수 있으며 자연 선택의 대상이 될 수 있는 것이다.

다윈은 오랜 기간에 걸쳐 누적된 변화의 힘을 강조했다. 작은 점진적 개선이 쌓여서 매우 복잡한 구조를 만들어낼 수 있다. 단순한 감광 패치를 점진적으로 개선하면 결국 잘 발달된 눈을 만들 수 있다. 다윈은 자신의 이해와 당시의 과학적 지식의 한계를 인정했다. 그는 미래의 연구와 발견이 눈과 같은 복잡한 기관의 진화에 대한 더 많은 통찰력을 줄 것이라고 믿었다.

역시 다윈의 후예들은 이 문제를 외면하지 않았다. 다양한 형태의 눈이 고도의 복잡성을 지니게 된 배경은 단순하다. 지구에는 태양에서 날아온 빛이 매 순간 빗발치듯 쏟아지기 때문이다. 빛은 색이 있는 물질에 부딪히면 더 이상 나아가지 못하고, 물질을 구성하는 분자는 형태가 바뀌는데, 이 과정에서 약간의 에너지를 방출한다. 그 에너지는 어떤 식으로든 세포에 영향을 주고 여기서 시각이 시작된다.

최초의 눈이 복잡한 진화를 향해 걷는 시간을 추정하기 위한 실험이 있다. 스웨덴 생물학자 단 닐손과 수산네 펠거는 컴퓨터 모의실험을 했다. 두 사람은 명암, 방향, 모양, 빛깔 따위를 느낄 수 있는 '카메라눈'에 세 가지 주요 조직이 있다는 데서 착안해, 아주 단순한 형태의 세 가지 조직이 고도로 복잡한 카메라눈으로 진화하는 과정을 모의실험했다. 실험 결과, 눈이라고 볼 수 없는 납작한 세 가지 조직이 36만 4000세대 만에 완전한 수정체를 갖춘 카메라눈으로 진화했다는 사실을 알 수 있다. 하나의 세대가 대개 1년 미만인 작은 해양 동물을 기준으로 보면, 진화에 걸린 시간은 50만 년이 채 되지 않은 셈이다.

앞에서 한 산수 계산과 같은 답이 나왔다. 물론 닐손과 펠거는 시세포와 눈의 세부 구조들이 진화하는 과정을 실험에 포함시키지 않았지만, 눈의 진화가 깎아지른 벼랑이 아니라 완만한 길에 놓여 있어 충분히 오를 수 있는 봉우리임을 보여주기에 충분했다.

삼엽충의 눈과 사람의 눈이 같다고?

우리 눈이 처음부터 고도로 발달한 것은 아니었다. 처음에는 빛에 민감한 패치에 불과했다. 낮인지 밤인지, 또 그림자가 머리 위로 지나가는지, 그게 포식자일 가능성이 큰지 정도만 알려주었다. 하지만 환경이 더욱 경쟁적으로 변하면서 더 나은 시야가 필요해졌고, 더 나은 눈을 가진 개체만 살아남게 되었다. 그게 진화다.

빛은 빅뱅의 순간부터 있었다. 하지만 캄브리아기 이전에는 눈이 존재하지 않았기 때문에 빛은 큰 구실을 하지 못했다. 그러나 일단 눈이 생기고 나자 가장 큰 선택압력으로 작용했다. 생존을 위한 먹이 동물의 첫 번째 법칙은 잡아먹히지 않는 것이다. 먹이는 대개 눈이 양쪽에 있다. 선명한 상을 형성하지는 못해도 넓은 시야를 확보할 수 있다. 반대로 포식자의 첫 번째 생존 원칙은 먹는 것을 최우선으로 두는 것이다. 포식자나 경쟁자에 대한 걱정은 그다음이다. 사냥을 위해서는 정확한 거리 측정이 필요하다. 이들은 한 쌍의 눈을 앞쪽에 배치했다.

눈이 모든 것을 바꾸었다. 모든 동물은 빛에 적응해야 했다. 벌레 같았던 동물들은 갑옷을 두르고, 경고색을 과시하고, 위장 형태와 위장 색을 띠거나, 추적하는 적을 따돌릴 수영 실력을 갖춰야 했다.

입은 그다음이었다. 원시 삼엽충에게는 먹이를 잡을 튼튼한 다리도 물어뜯을 단단한 턱도 없었다. 원시 삼엽충은 자기 주변을 유유히 떠다니는 이웃들을 보면서 딱딱한 부분을 가져야 한다는 선택압력을 받았다. 결국 원시 삼엽충은 명실상부한 삼엽충이 되었고, 다른 동물들 역시 갑옷을 갖추기 시작했다. 캄브리아기에 갑자기 나타나서 다윈을 곤혹스럽게 했던 화석생물들의 등장은 결국 눈의 탄생으로 촉발된 것이다.

눈의 조상은 누구일까? 오늘날 존재하는 모든 눈은 하나의 조상에서 비롯되었다는 주장이 있다. 그러려면 눈이 있는 모든 동물이 진화의 계통수에서 갈라져 나오기 전에 눈이 진화했어야 한다. 조상 눈이 있던 동물은 삼엽충(절지동물)이나 갑오징어(연체동물), 사람

(척삭동물)처럼 눈이 있는 모든 동물의 조상이어야 한다. 그렇다면 눈은 캄브리아기가 시작되기 수억 년 전에 이들 동물이 갈라설 때 진화했어야 한다.

하지만 일은 그렇게 진행되지 않았다. 먹장어와 사람은 모두 척삭동물에 속한다. 먹장어처럼 원시적인 척삭동물에게는 눈이 없는데, 그보다 훨씬 늦게 생긴 사람에게 눈이 있다면, 척삭동물 최초의 눈은 진화계통수의 척삭동물 가지 안에서 진화했다는 얘기가 된다. 눈의 기원이 하나가 아니라 여럿인 것이다. 삼엽충이나 갑오징어나 사람의 눈은 진화의 다른 시점에 각각 별개로 진화한 것이다. 현대 연구에 따르면 눈은 적어도 40회, 많으면 60회까지 동물계의 여러 부분에서 각각 독립적으로 진화했다. 우리 삼엽충의 눈과 그대 인간들의 눈은 기원이 다르다.

포식자와 먹이의 피 튀기는 진화 경쟁

매일 바다 바닥을 누비고 다니다 보니 눈의 진화 이후 일어난 놀라운 변화에 감탄하지 않을 수 없다. 불과 얼마 전까지만 해도 우리 조상들은 어두운 세상을 더듬으며 촉각과 화학적 감각에만 의존해 생존해 왔다는 사실을 생각하면 놀랍다. 눈의 발달은 단순히 주변 환경을 인식하는 능력의 향상 그 이상이었다. 그것은 새로운 차원의 존재로 가는 관문이었다. 눈을 통해 우리는 주변 환경을 더 꼼꼼하게 탐색하고, 먹이를 더 효율적으로 찾고, 포식자를 더 성공적으로 피할 수 있게 되었다.

눈의 탄생은 단순한 적응이 아니라 혁명이다. 이 한 번의 진화적 혁신은 일련의 변화를 촉발해 생물 다양성과 복잡성을 폭발적으로 증가시켰다. 포식자는 더 효과적인 사냥꾼이 되었고, 먹잇감은 더 나은 방어력을 개발했으며, 새로운 생태적 틈새가 생겨났다.

미래를 생각하면 앞으로 또 어떤 놀라운 진화가 일어날지 궁금하다. 눈의 진화는 생명의 긴 여정에서 한 단계에 불과할 것이다. 생물이 환경에 적응해 나가는 동안 또 어떤 혁신이 등장할까? 미래의 생명체는 계속해서 감각을 개선해 주변 환경에 더욱 잘 적응하게 될 것이다. 새로운 유형의 눈이 발달해 더 선명한 시야를 제공하거나 다양한 파장의 빛을 보는 능력을 갖추게 될지도 모른다. 어쩌면 빛이 닿지 않는 심해를 탐험하며 완전한 어둠 속에서도 볼 수 있도록 진화하는 생물도 있을 것이다.

시각 외에 다른 놀라운 적응도 분명히 있을 것이다. 생물은 의사소통, 탐색, 방어에 새로운 방법을 개발할 수도 있다. 포식자와 먹이 사이의 군비경쟁은 더욱 정교한 공격 전략과 대응 전략의 진화를 촉진할 것이다.

돌이켜 보면 우리가 얼마나 멀리 왔는지 놀라울 따름이다. 단순히 빛에만 민감했던 세포에서 오늘날의 복잡한 눈까지, 진화의 여

찬란한 멸종

정은 적응과 혁신의 힘을 증명하는 증거다. 한 걸음 한 걸음 앞으로 나아갈 때마다 새로운 가능성이 열린다. 우리가 앞으로 나아가면서 한 가지 확실한 것은 생명은 놀랍고, 놀라운 방식으로 계속 진화할 것이라는 점이다. 고대의 바다는 시작에 불과하다. 미래에는 발견과 변화의 가능성이 무궁무진하다. 누가 알겠는가? 언젠가 지적 생명체는 눈의 진화를 지구 생명체 역사의 수많은 이정표 중 하나로 되돌아보게 될지도 모른다.

섹스의 시작을 아십니까?

"포스가 늘 당신과 함께하길May the Force be with You!"

여기서 포스Force란 무엇일까? 영화 〈스타워즈〉의 정의로운 제다이 기사에 따르면 포스, 즉 힘은 '미디클로리안'이라는 물질의 산물이다. 미디클로리안은 모든 세포에 들어 있으며 현미경으로 겨우 볼 수 있는 작은 생명체다. 모든 제다이는 미디클로리안과 서로 도움을 주고받는 공생 관계에 있다. 미디클로리안이 없으면 생명은 존재할 수 없으며, 제다이와 함께할 포스도 없다. 역사상 가장 높은 미디클로리안 수치를 갖고 태어난 사람은 아나킨 스카이워커로 세포마다 2만 개가 넘게 있다. 〈스타워즈〉의 팬이라면 이해할 수 있는 이야기다.

나는 미토콘드리아Mitochondria다. 조지 루커스 감독이 내 이름을 미디클로리안으로 바꾼 것은 매우 어설프지만 꽤 재치 있는 시도였다. 나는 독자 여러분의 세포 안에 있는 작지만 강력한 에너지 발전소다. 내 여정은 수십억 년 전 원시 세계에서 시작되었다. 내 이야기는 변화와 생존 그리고 여러분이 알고 있는 생명 탄생의 이야기이자 섹스와 죽음에 관한 비밀스러운 이야기다. 아직 지구가 젊고 생명이 이제 막 꼴을 갖추기 시작하던 시대로 함께 여행을 떠나보자. 우리는 지구 생명사에서 가장 중요한 사건을 목격하게 될 것이다. 어떤 박테리아가 나를 삼키면서부터 이야기는 시작된다.

미토콘드리아의 놀라운 등장

약 38억 년 전 지구의 바다 어느 구석에서 루카LUCA가 등장했다. 왠지 〈스타워즈〉의 등장인물 같은 이 이름은 'Last Universal Common Ancestor', 즉 '지구에 사는 모든 생물의 공통 조상'을 말한다. 이후 루카로부터 두 가지 생물 역域이 등장한다. 세균역과 고세균역이 바로 그것. 갑자기 '역'이 등장해서 당황했을지도 모르겠다. 별것 아니다. 카를 폰 린네의 분류법 '종-속-과-목-강-문-계' 앞에 가장 큰 영역이 하나 더 있는 것이다. 그러니까 '종-속-

과-목-강-문-계-역'이다.

루카에서 세균細菌, Bacteria과 고세균古細菌, Archaea이 생겨났다. 여기서 고古가 앞에 붙어 있다고 고세균이 세균보다 더 구식인 생명이라고 오해하지 말자. 고세균은 어떤 점에서는 세균과 닮아 있고 어떤 점에서는 오히려 인간 세포와 닮아 있다. 세균과 고세균은 모두 단 하나의 세포로 된 단세포생물이며 원핵생물이다. 원핵생물이란 세포 설계도에 해당하는 DNA를 보관하는 핵막이 없고, 미토콘드리아 같은 다양한 세포 소기관이 없는 생물을 말한다.

원핵생물밖에 없던 시절 대부분의 세균은 혐기성 세균이었다. 혐기성이란 '공기를 혐오하는 성질'이라는 뜻이다. 여기서 공기는 산소를 뜻한다. 즉 혐기성 세균은 산소를 사용하지 못하므로 발효를 통해 에너지를 얻는데, 발효는 산소호흡보다 에너지 효율이 매우 낮다. 나는 원래 호기성 세균이었다. 호기성이란 '공기, 즉 산소를 좋아하는 성질'이라는 뜻이다. 호기성 세균은 산소호흡을 하기 때문에 높은 효율로 에너지를 생산한다. 발효가 2개의 생활에너지 ATP를 생산할 때 산소호흡은 32개의 생활에너지를 생산한다.

혐기성 세균이 호기성 세균을 곁에 두는 것은 결코 나쁜 일이 아니었다. 산소는 혐기성 세균이 에너지를 생산하는 데는 도움도 되지 않으면서 유전자와 단백질을 파괴하고는 한다. 그런데 호기성 세균이 곁에 있으면 그들이 산소를 처리해 주니까 생존에 유리했다. 항상 그런 것은 아니다. 사용할 수 있는 환경 자원이 별로 없을 때는 곁에 있는 호기성 세균을 삼켜 먹기도 했다. 일단 배를 곯을 수는 없으니까 말이다.

역사가 시작된 날은 바로 그날이었다. 그날도 혐기성 세균 하나가 굶주림을 참지 못하고 호기성 세균 몇 마리를 꿀꺽 삼켰다. 그런데 웬걸! 호기성 세균이 소화되지 않았다. 삼킨 호기성 세균은 혐기성 세균 안에서 함께 살게 되었다. 이 사건은 모두에게 이익이 되었다. 혐기성 세균은 높은 산소 농도 환경에서도 자기 안의 호기성 세균이 산소를 처리해 주어서 안전했으며 호기성 세균이 만든 풍부한 에너지를 사용할 수 있게 되었다. 호기성 세균 역시 생존을 위한 여러 작용은 혐기성 세균에게 떠맡긴 채 자신은 에너지 생산에만 집중하면 되니 이득이었다. 혐기성 세균과 호기성 세균의 공생이 시작된 것이다. 호기성 세균은 혐기성 세균에 들어가면서 미토콘드리아로 이름을 바꿨다.

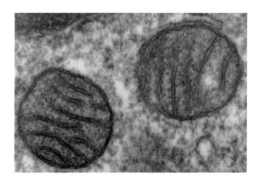

포유류의 폐 조직을 현미경으로 확대해서 본 미토콘드리아. 세포 내에서 호흡과 에너지 생성을 담당하는 세포 소기관이다.

다세포 생명의 시대가 열리다

원핵세포의 공생은 한 차례만 일어난 게 아니다. 여러 세균과 고세균이 공생에 참여했다. 그들은 이제 더 이상 세균이나 고세균이 아니었다. 공생체는 전혀 새로운 생물이 되었다. 즉 진핵생물이 탄생한 것이다. 세균의 공생 증거는 현대까지 그대로 남아 있다. 핵막 안에 있는 핵 DNA와 미토콘드리아 안의 DNA는 전혀 다르며, 모계를 통해서만 유전된다.

원핵세포는 하나의 주머니로 구성된 세포다. DNA도 세포질 안에 떠돌아다닌다. 세포질 안에서 모든 일이 다 일어난다. 핵막이 없기 때문이다. 그래서 원핵세포라고 한다. 이에 반해 진핵세포는 이름이 말해주듯이 진짜 핵이 있다. 유전자가 주머니 안에 따로 보관되어 있는 것이다. 그 주머니를 핵막이라고 한다. 핵막이 있으면 진핵세포다. 이게 전부가 아니다. 진핵세포는 세포 안에 핵막과 미토콘드리아 외에도 주머니 형태의 여러 소기관이 있다. 소포체, 골지체 같은 것들이다. 각 소기관은 각자의 역할이 있다. 소기관은 원래는 개별적인 세균 또는 고세균이었으나 공생하게 된 것이다.

다양한 소기관이 전문적인 역할을 수행하는 진핵생물은 원핵생물 시절에는 꿈도 꾸지 못한 일들을 하게 되었다. 우선 나, 바로 미토콘드리아 덕분에 생활에너지를 더 많이 생산했다. 에너지가 풍부해지자 진핵세포는 더 복잡한 구조를 지원하고 더 까다로운 생물학적 과정을 수행했다. 영양소 흡수와 노폐물 제거가 효율적으로 이루어졌다. 그 중심에 바로 내가 있다. 만약 내가 없었다면 특수한 세포 소기관은 제대로 작동하지 못했을 것이다.

모든 생물의 공통 조상인 루카에서 세균과 고세균이 나왔고, 각자 다른 길을 가던 세균과 고세균이 함께하면서 페카FECA가 등장했다. 'First Eukaryotic Common Ancestor', 즉 '최초의 진핵생물의 공통 조상'이다. 드디어 루카에게서 3개의 역, 즉 세균역, 고세균역, 진핵생물역이 모두 생겼다. 이때가 대략 20억 년 전이다.

내가 에너지를 풍부하게 생산하자 진핵생물은 아예 세포 수를 늘려 나갔다. 세포 소기관의 전문화에 만족하지 않고 세포의 전문화에 나선 것이다. 단세포 생명의 시대에서 다세포 생명의 시대가 열렸다. 이때가 대략 15억 년 전이다. 한 생명체를 구성하고 있는 여러 세포는 위치에 따라 역할이 달라졌다. 세포가 이동, 감각, 방어, 섭식 등 다양한 전문성을 띠게 되었다. 세포 수가 점점 늘어나자 전문성 있는 세포들의 체계가 고도화되었다. 같은 역할을 하는 세포가 모여 조직이 되고, 조직이 모여 기관이 되었다.

조류藻類, 곰팡이, 더 나아가 장차 동물과 식물로 진화할 채비를 했다. 다양한 진핵생물이 출현함으로써 생명의 서식지는 심해에서 높은 산봉우리까지 확대된다. 물론 이것은 앞으로 수억 년이 더 지난 다음에 일어날 일이다. 하지만 그 시작점에 바로 내가 있다. 이 모든 것이 미토콘드리아 덕분이다.

: 미토콘드리아 덕분에 진화한 진핵생물은 장차 동물과 식물로 진화할 채비를 했다. 생명의 서식지는
  심해에서 산봉우리까지 확대되어 오늘날 자연의 모습에 이른다.

진화의 시작, 섹스

생명의 초기 역사에 섹스란 없었다. 암컷과 수컷이 없었다는 말
이다. 모든 생식은 무성생식이었다. 먹고살 만하면 분열했다. 세포
하나가 둘이 되었다. 하나가 둘이 되든, 둘이 넷이 되든 유전적 차
이는 없다. 후손이 생기는 것도 아니었다. 하나가 둘이 되는데 누가

부모이고 누가 자식이겠는가? 지루한 자기 복제만 반복되었다.

진핵생물이라고 해서 무성생식이 불가능한 것은 아니었다. 하지만 유성생식은 진화적으로 회복탄력성과 다양성이라는 이점을 제공했다. 따라서 진화 과정에서 자연은 유성생식을 하는 개체를 선택하게 되었다. 하지만 그 이점이 어디 거저 생기겠는가? 엄청난 비용이 들었다.

이분법은 비용이 들지 않는다. 누굴 애써 만날 필요가 없다. 잘 보이려고 애를 쓸 필요도 없고 선물을 주거나 그 짝을 놓고서 다른 개체와 목숨을 건 결투를 벌일 필요도 없다. 그냥 자기 혼자 복제하면 그만이다. 매우 경제적이고 안전한 번식법이다. 하지만 유성생식은 비용이 많이 든다. 우선 두 개체가 만나야 했다. 이 넓은 세상에서 마주치기란 쉽지 않다. 마주쳤다고 해도 서로의 마음에 들기도 쉽지 않으며, 곁에는 경쟁자가 있기 마련이다.

눈에 보이는 커다란 생명체가 아니라 단순한 다세포 생물도 마찬가지다. 나름대로 커다란 다세포 생물이 다니면서 짝을 만나기란 쉬운 일이 아니었다. 그래서 전략을 세웠다. 전체 개체가 짝을 만나러 헤매기보다는 단세포로 된 대표선수를 보내어 이들이 짝짓기할 기회를 주는 것이다. 그래서 만들어진 것이 바로 배우체다. 영화배우映畫俳優의 그 배우가 아니라 배우자配偶者의 배우다. 쉽게 말하면 짝 세포다.

초기 진핵생물은 다양한 배우체를 발명했다. 하지만 자연은 가장 효율적인 배우체를 만들어낸 생명을 선택했다. 그게 바로 정자와 난자다. 왜 정자와 난자 짝으로 만나야 할까? 정자-정자, 난자-난자 쌍은 왜 안 될까? 우선 수컷과 암컷을 정의해야 한다. 정자를 만들면 수컷, 난자를 만들면 암컷이다. 배우체 중 작아서 운동성은 있지만 영양분은 난자를 만나러 가는 데 필요한 만큼만 있는 것을 정자라고 한다. 반대로 덩치가 커서 운동성은 없지만 수정 후 개체로 성장할 만큼 충분한 영양분이 있는 것을 난자라고 한다. 정자-정자 조합은 둘 다 운동성이 좋아서 수정될 확률은 높지만 개체로 성장할 양분이 없다. 난자-난자 조합은 영양분은 충분하지만 운동성이 없으니 수정될 확률이 낮다. 그래서 운동성 있는 배우체와 영양분이 충분한 배우체의 짝, 바로 정자-난자가 최선의 조합이다.

유성생식은 비용이 많이 든다고 했다. 정자와 난자를 만드는 과정도 복잡하다. 자기 유전자를 반만 자손에게 넘겨주어야 하므로 감수분열이라고 하는 복잡한 과정을 거쳐야 한다. 이때 유전자들이 서로 꼬이는 등의 문제가 발생해 유전자가 뒤섞이면서 새로운 유전자 조합이 만들어진다. 개체군 안에서 유전적 다양성이 증가하는 것은 종의 존속에 매우 중요하다. 질병이나 환경 스트레스에 대한 회복력이 커지기 때문이다. 모든 개체가 유전적으로 똑같다면 단일 병원체나 환경 변화로 개체군이 전멸할 수도 있다. 하지만 다양한 자손이 있으면 이런 위험에서 비켜나는 개체가 있기 마련이다.

하지만 유전적 변이가 반복되고 누적되면 어느 순간 같은 종이

찬란한 멸종

라고 부를 수 없을 정도의 변이가 커진다. 즉 조상들과는 다른 새로운 생명이 등장하는 것이다. 우리는 그것을 진화라고 부른다. 즉 섹스를 통해 다양한 생명이 지구에 탄생할 단초가 마련된 것이다. 섹스가 없다면 진화도 없고 생명의 다양성도 없다. 이 모든 것이 바로 나, 미토콘드리아 덕분이다.

죽지 못하는 가여운 존재들

루카에서 세균과 고세균이 나왔을 때 그들에게 죽음이란 없었다. 그들은 이분법을 통해 끊임없이 사본을 복제해 냈다. 그렇다고 오해는 하지 말자. 세균과 고세균은 사라지지도 못하고 영원히 존재하는 것은 아니다. 그들은 죽지 못할 뿐 파괴되고 사라질 수는 있다. 이게 말이 되냐고? 현대에도 그런 존재가 있다. 바이러스가 바로 그렇다.

바이러스는 '살았다' 또는 '죽었다'라고 표현하기 어려운 존재다. 왜냐하면 딱히 생명이라고 말할 수가 없기 때문이다. 바이러스는 전자현미경으로 보면 아름답게 보이고 단백질 껍질 안에 DNA 또는 RNA로 된 유전자도 들어 있지만 스스로 생명 현상을 유지하지 못한다. 바이러스는 식물과 동물에 얹혀 있을 때만 살아 있는 것처럼 보일 뿐이다.

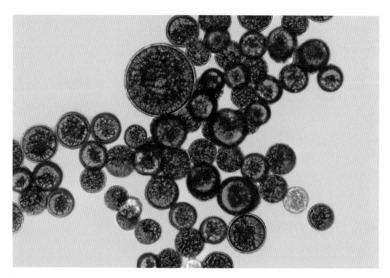

인간의 장에 존재하는 프로바이오틱스 박테리아를 현미경으로 확대한 모습. 바이러스는 크기가 너무 작아서 스스로 생명 현상을 유지하지 못한다. 따라서 박테리아, 식물, 동물 세포 같은 숙주를 이용한다.

바이러스는 왜 스스로 생명 현상을 유지하지 못할까? 작기 때문이다. 세균이 동물의 몸에서 병을 일으키려면 동물 세포 안으로 들어가야 한다. 그러니 한참 작아야 한다. 대략 세균은 동물 세포의 100만분의 1정도 크기다. 그런데 세균은 바이러스에 감염된다. 바이러스는 세균보다도 한참 작다는 말이다. 얼마나 작을까? 한 변의 길이가 1센티미터인 주사위 옆에 볼펜으로 점을 하나 찍어보자. 이때 주사위가 소금 알갱이 한 알이라고 한다면 볼펜 점이 동물 세포인 셈이다. 그러니 바이러스는 얼마나 작은 존재인가.

너무 작아서 생명 활동을 할 수 없다. 생명 활동을 못 하니 생명이 아니다. 생명이 없으니 죽을 수도 없다. 그게 바로 바이러스다. 바이러스는 죽지 않는다. 다만 사라질 뿐이다. 무한히 자기 복제를 하는 세균과 고세균도 마찬가지다. 죽을 틈이 없다. 언제나 사본이 살고 있기 때문이다. 수명이 없으니 죽을 수는 없다. 다만 파괴되고 사라질 뿐이다.

어떤가. 죽지 못하는 바이러스, 세균, 고세균이 부러운가?

세포의 죽음을 발명하다

지금까지 살짝 소개한 내 업적을 기린다면 나를 찬양하는 종교가 생겨야 할지도 모르겠다. 미토콘드리아교나 〈스타워즈〉식 표현대로 미디클로리안교도 괜찮을 것 같다. 하지만 그런 일이 생기지 않으리라는 것을 나는 잘 알고 있다. 미토콘드리아는 에너지도 주고 섹스도 가져다주었지만 영생을 주는 존재는 아니기 때문이다. 오히려 생명계에 존재하지 않던 죽음을 처음 발명했다.

지구 생명체의 장대한 연극에서 죽음은 별 볼 일 없는 조연처럼 보일 수도 있다. 하지만 죽음은 생명의 진화와 생태계를 유지하는 데 결정적인 역할을 하는 주연이다. 최초의 죽음은 개체의 죽음이 아니라 세포의 자멸自滅, apoptosis이었다. 그리스어 'apo-'는 영어의 'from'에 해당하고 'ptosis'는 '떨어진다'는 뜻이다. 즉 자멸이란 스스로 떨어져 나간다는 뜻이다. 개체 안에서 스스로 떨어져 나가는 게 바로 세포의 자멸이다.

자멸은 부상이나 질병 때문에 우발적으로 일어나는 사멸과는 다르다. 정교한 통제 속에서 스스로 죽는 것이다. 미토콘드리아 기능 장애가 발생하면 그 현상을 알려주는 신호 물질이 미토콘드리아에서 생기고 이것이 세포 표면에 있는 수용체와 결합한다. 그렇게 되면 세포도 자신이 문제가 있다는 것을 알게 된다. 세포는 그때부터 세포 수축, 염색체 수축, DNA 단편화 같은 생화학 반응을 연쇄적으로 일으킨다. 결국 세포는 자신을 파괴하게 된다. 파괴된 세포는 청소부 역할을 하는 식세포에 의해 완전히 제거된다. 즉 어떤 세포가 사멸할지 말지를 결정하는 것은 미토콘드리아라는 말이다.

굳이 왜 나는 세포 자멸이라는 과정을 발명했을까? 다세포 생물을 구성하는 어떤 세포가 망가졌다고 하자. 어떻게 하는 게 좋을까? 고쳐 쓰는 방법이 있다. 그런데 때로는 고쳐 쓰는 대신 그냥 제거해 버리는 편이 훨씬 편리하고 효율적일 수도 있다. 밭에서 고추를 키우는 데 아픈 개체가 있으면 고치는 것보다 그걸 뽑아 버리는 게 훨씬 효율적인 것과 마찬가지다. 그래야 밭에 있는 다른 개체에 주는 나쁜 영향을 차단할 수 있다. 세포 자멸은 손상되거나 오작동하는 세포를 스스로 제거해서 생명체의 건강과 기능을 보장하는 과정이다.

세포 자멸은 개체의 발달 과정에서도 중요한 역할을 한다. 수정

찬란한 멸종

란이 배아가 되어 발달할 때 세포 자멸은 조직과 기관을 형성시킨다. 예를 들어 초기 배아의 손가락과 발가락 사이에는 세포들이 채워져 있다. 그 세포들이 자멸해서 손가락과 발가락이 마치 조각되듯이 형성된다. 오래되거나 손상되어 기능 장애가 있는 세포를 제거해 조직의 건강과 기능을 유지한다. 또 세포 수가 지나치게 늘어서 과도하게 성장하는 것을 막으며 잠재적인 암을 예방한다. 면역체계는 세포 자멸을 통해 감염되거나 비정상적인 세포를 파괴해 질병으로부터 생명체를 보호한다. 세포 자멸은 개체를 유지하는 결정적인 과정이다.

세포 자멸이 확장되면 개체의 죽음이 된다. 자연에서 일어나는 모든 일에는 이유가 있다. 그렇다면 도대체 개체의 죽음에는 어떤 이점이 있을까? 죽음이라는 능력은 생명 다양성과 적응력의 원동력이다. 무성생식으로 번식하는 생명체의 다양성은 자기 복제 과정에서 발생하는 돌연변이의 결과로 한정되지만 유성생식으로 번식하는 생명체는 정자와 난자가 만나는 과정에서 독특한 유전적 조합을 가진 자손이 등장한다. 죽음이 삶의 필수적인 부분이 되면 자연선택은 개체군에 더 효과적으로 작용할 수 있다. 자연선택이란 무엇인가? 유리한 형질이 있는 생명체는 생존과 번식에 유리해져 후대에 자신의 형질을 물려줄 가능성이 높아지고, 환경에 적합하지 않은 형질은 유전자 풀pool에서 제거되는 것이다. 죽음이라는 전제가 없으면 자연선택은 있을 수 없고, 진화도 불가능하다.

말하자면 내가 죽음을 발명한 순간은 생명 진화의 결정적 시점이었다. 죽음은 단순한 종말이 아니라 발달, 유지, 적응을 촉진하는 역동적인 과정이다. 정교하게 프로그램된 세포의 자멸은 세포의 생명 주기를 조절하며, 보다 넓은 개념의 죽음은 유전자 변이와 자연선택에 의한 생명의 영속과 생태계의 다양성을 보장한다. 따라서 죽음이라는 생명의 능력은 지구 생명체의 복잡성과 회복력의 원천이다. 이게 다 누가 만든 능력일까? 바로 나 미토콘드리아가 하는 일이다.

미토콘드리아가 남긴 선물

세포 안의 작은 기관인 미토콘드리아는 자연사에서 엄청난 사건을 일으켰다. 최초로 성공적 공생을 이뤄냄으로써 지구에 에너지 효율을 높인 생명체를 등장시켰으며, 세포들이 협력해 하나의 개체를 이루는 다세포 생명을 발명했고, 개체가 조직과 기관을 갖추게 했으며, 섹스를 발명해 생명의 회복탄력성과 진화의 기회를 획기적으로 높였다.

미토콘드리아의 역할은 계속되고 있다. 인간을 포함한 진핵생물의 건강과 기능에 여전히 필수적인 역할을 하고 있다. 세포 안에서 에너지를 만드는 발전소 역할을 한다. 근육, 심장, 뇌처럼 에너지

수요가 많은 조직의 기능에 특히 중요하다. 미토콘드리아의 영향력은 기본적인 기능을 넘어 건강과 수명에 절대적인 영향을 미친다. 즉 미토콘드리아는 에너지 생산, 물질대사, 세포 조절에 있어서 근본적인 역할을 하는 것이다.

나는 대한민국의 주요 법도 바꾸었다. 호주제란 가족 집단의 중심이 아버지에서 아들로 이어지는 남계혈통을 통해 대대로 이어지는 제도다. 호주제에 대한 찬반이 수년 동안 지속되고 있을 때 내가 논의의 중심에 등장했다. 미토콘드리아는 고유의 유전자를 가지고 있는데, 미토콘드리아는 난자를 통해서만 후손에게 전달된다는 사실을 최재천 교수가 법률 토론의 현장에 소개한 것이다. 즉 후손은 수컷보다 암컷에게서 더 많은 유전자를 받는다는 사실이 널리 알려지게 되었다. 이때부터 여론의 흐름이 바뀌면서 헌법재판소의 판결을 통해 2008년 1월 1일부터 호주제가 폐지되었다.

나 미토콘드리아는 생명의 세계에 많은 선물을 주었다. 하지만 이 모든 것보다 더 큰 선물은 죽음이다. 미토콘드리아는 스스로 자신이 늙었다는 것을 인식하며 세포의 자멸을 이끌고 개체의 노화를 유도한다. 나이가 들수록 미토콘드리아의 기능이 감소해 노화를 일으키는 것이다. 미토콘드리아의 기능 장애는 알츠하이머병, 파킨슨병, 심혈관 질환으로 이어진다. 결국 미토콘드리아는 개체의 죽음을 이끈다. 미토콘드리아는 세포의 사멸을 이끌어 개체의 건강을 유지하고, 개체의 죽음을 이끌어 개체군의 건강을 지키는 것이다.

내가 이 기능을 완성하는 데 거의 20억 년이나 걸렸다.

죽음을 맞이해야 한다는 사실이 섭섭한가? 그렇다면 해리 포터가 졸업한 호그와트 마법학교의 덤블도어 교장선생님 말씀을 들어보자.

"죽음이란 또 하나의 위대한 모험이란다."

이게 바로 나, 미토콘드리아가 여러분에게 하고 싶은 말이다. 죽음은 언제나 또 다른 생명의 탄생을 불러온다. 죽음이 있기에 생명도 있다.

인간들이여, 미토콘드리아를 우습게 보지 마라. 다스베이더 버전으로 말한다.

"내가 네 아빠다(I am your Father)!"

모든 이야기의
시작과 끝

이것은 달과 바다의 2인극이다. 지금부터 지구에서 처음으로 생명체가 등장하는 놀라운 과정에 관해 대화를 나눌 것이다.

6개의 짧은 막으로 이루어진 이 연극은 일상의 수다처럼 가볍게 펼쳐진다. 하지만 우리는 잊지 말아야 한다. 이 모든 이야기가 무려 46억 년 전부터 5억 년 전까지 41억 년의 시간을 가로질러 전 지구적으로 일어난 사건이라는 사실을. 그야말로 장대한 생명 탄생의 역사다.

등장인물

달　　　초기 지구 가이아$_{Gaia}$가 원시 행성 테이아$_{Theia}$와 충돌한 후 지구와 함께 탄생한 천체다. 자세가 안정되어 있고 차분한 성격이다. 지구의 자전축 기울기를 결정하고 지구 기후에 막대한 영향을 미친다. 달의 중력은 지구 바다에 밀물과 썰물을 일으켜 생물이 살아갈 수 있는 생태계를 만들고 진화를 지원한다.

바다　　　지구 표면의 대부분을 덮고 있는 광대한 수역으로 주로 혜성과 소행성이 가져다준 선물이다. 열수분출구 환경에서 생명을 탄생시켰으며 진화의 본고장이었다. 현재도 지구 생명의 원천이다. 달과 끊임없이 상호작용하면서 생명이 번성할 수 있는 안정적이고 역동적인 다양한 환경을 제공한다.

제1막 | 지구에 생명이 꽃피다

황혼의 하늘 아래 고요한 해변, 달이 수평선 위로 떠오르면서 잔잔한 바다에 은은한 빛을 드리운다.

달　　　(서서히 떠오르면서 은은한 빛을 비추며) 어이, 친구! 우리 이야기가 언제 시작되었는지 기억하나? 카오스 상태였던 지구를 안정과 생명의 고향으로 만들었던 그때를 말일세.

바다 (부드럽게 파문을 일으키며) 어이, 달! 그걸 어찌 잊겠는가. 정말 어마어마한 충돌이었지. 그때 자네가 태어나면서 모든 것이 움직이기 시작했어. 자네가 지구 자전축을 23도 기울이면서 지구에 계절이 생겼잖아. 자네가 없었다면 아직도 지구는 계절이 중구난방이었을 걸세.

달 (생각에 잠긴 채) 그래, 그랬지. 하지만 지구 역사에서 최고의 장면은 지구에 물로 가득 찬 바다, 자네를 봤을 때야. 맞아. 자네와 나는 함께 수많은 생명의 탄생과 진화를 목격했어.

바다 (마치 파도가 속삭이는 것처럼) 음, 생명 탄생의 시작은 내 한가운데에 있는 열수분출구였지. 이런저런 생명이 생겨났다가 모두 사라졌어. 그러다 어느 한 생명이 끝까지 살아남아서 지금 지구에 살고 있는 모든 생명체의 조상이 되었다네.

달 (기억을 더듬으면서) 맞아, 그 친구 이름이 뭐더라. 마치 〈스타워즈〉 주인공 같은 이름이었는데…. 맞아, 루카LUCA. 생명 탄생을 위한 많은 실험이 있었지만 결국 하나만 성공해서 루카가 되었어. (부드럽게 미소 지으며) 나는 시아노박테리아가 산소를 생산하면서 지구 환경을 극적으로 바꾼 장면이 기억나. 내가 만든 밀물과 썰물이 바다를 섞어 영양분을 퍼뜨리고 생명들이 서로 만날 수 있는 기회를 주었지.

바다 (부드럽게 소용돌이치며) 맞아. 자네의 조력潮力 덕분에 조간대가 생겨났어. 조간대야말로 생명의 진화를 이끈 도전적인 서식지가 되었지. 또 자네는 지구 자전을 안정시켰어. 그제야 생명들도 리듬을 타기 시작했어.

달 (더 밝게 빛나며) 우리는 함께 캄브리아기 대폭발을 일으켰어. 지구에 다양한 생명을 가득 채운 멋진 폭발이었지. 자네가 없었다면 지구는 결코 멋진 행성이 되지 못했을 거야.

바다 (침착하게) 맞아. 친구, 자네와 내가 춘 춤은 생명이 겨우 살아가는 정도가 아니라 번성하게 만들었어. 지금 객석에 앉아 있는 인간들은 우리가 만든 안정과 풍요의 작은 결과물이지.

달 (부드럽게) 바다여, 내 벗이여, 우리가 어떻게 지구에 생명체가 번성할 수 있는 조건을 만들었는지 우리의 이야기를 들려주자고.

찬란한 멸종

달　　(해변을 은은히 비추며) 내가 탄생할 때 자네는 아직 없었지? 하지만 내가 벌써 여러 번 이야기를 들려주었으니 아마 기억할 거야. 테이아가 어린 지구 가이아와 충돌할 때 떨어져 나온 파편으로 내가 만들어졌잖아.

바다　(부드럽게 해안에 부딪히며) 그래, 기억나. 45억 년 전의 일이잖아. 그 충격이 엄청났다며. 그때 흩어진 잔해가 자네를 만들었잖아. 도대체 얼마나 많은 파편이 튄 거야. 그 장면을 상상하면 짜릿해.

달　　(고개를 끄덕이며) 난 자네, 바다가 만들어지는 과정을 내 눈으로 똑똑히 보았지. 혜성과 소행성이 충돌하면서 가져온 물이 뜨거웠던 지구를 식히고, 수증기가 형성되고 또 비가 내리는 과정을 거치다가 40억 년 전에 자네, 바다가 나타났어. 나보다 5억 년 어린 셈이지. 하지만 우린 언제나 친구처럼 지냈어.

바다　(조심스럽게 파문을 일으키며) 내가 자네를 제대로 본 것은 지구가 식은 다음이었어. 공기 중의 수증기가 물이 되고 분지를 채웠지. 그리고 바다가 되었어. 난 생길 때부터 자네를 느낄 수 있었지. 몸이 이리저리 쏠리는 거야. 그땐 자네가 엄청 가까이 있었잖아. 지금보다 6배는 크게 보였다고.

: 세계에서 가장 넓고 청정한 조간대 생태계를 이루고 있는 바덴해의 썰물 때 모습. 달의 중력은 바다
에서 생명이 탄생하는 데 결정적 역할을 했다.

그러니 밀물과 썰물이 얼마나 대단했겠는가? 요즘 사람들
이 그 장면을 보면 혼비백산할걸.

달   (뿌듯해하며) 하하하, 맞아. 당시 내가 만들어낸 밀물과 썰
물은 자네가 생명 탄생의 고향이 되는 데 결정적 역할을
했지.

바다   (따라 웃으며) 실제로 당시 밀물과 썰물은 에너지와 영양분
을 분배해서 생명이 시작되는 데 필요한 조건을 만들었어.

달   (부드럽게 소용돌이치며) 내가 보니까 말이야, 혜성과 화산 폭
발도 아주 중요한 역할을 했어. 물과 광물을 가져왔고 생명
체가 출현할 수 있는 무대를 만들었으니까. 그 무대가 바로

자네, 바다지.

바다 　(생각에 잠겨) 달의　존재는 바다만큼이나 중요했어. 우리는 함께 생명으로 가득한 행성을 위한 토대를 만든 거야.

제3막 | 열수분출구와 생명의 첫 징후

달 　(더욱 빛나며) 지구 냉각이 계속되면서 자네 바다가 깊어지더군. 역시 깊은 바다가 생기니까 훨씬 안정되어 보였어. 그런데 말해보게. 생명을 탄생시킨 화학작용의 핫스폿이 어디였나? 정말로 그 깊은 바다에 있는 열수분출구가 맞는가?

바다 　(고개를 끄덕이며) 맞아. 열수분출구는 열과 미네랄이 풍부해서 유기 분자 합성을 위한 완벽한 공장이야. 여기가 초기 생명의 요람이 되었지.

달 　(생각하며) 열수분출구 주변은 극한의 조건이잖아. 깊은 바다니 수압이 매우 높을 테고 수압이 높으면 끓는점도 당연히 높아져서 아주 뜨거운 액체에서 온갖 화학작용이 일어났을 거야. 그러다가 생명체들이 만들어졌겠지. 그러고 보면 심해야말로 진정한 생명의 발상지라고 할 수 있을 것 같아.

바다	(자랑스럽다는 듯이) 맞아. 열수분출구는 영양분이 풍부한 환경이었어. 여기서 이런저런 생명의 시도들이 성공과 실패를 거듭하다가 마침내 모든 생명의 공통조상인 루카가 등장했어. 루카에서 생명의 나무가 가지를 뻗기 시작했지. 그것도 벌써 38억 년 전의 일이 되었네. 정말 까마득한 옛날이지.
달	(고개를 끄덕이며) 생명 진화의 과정에 내 역할도 잊지 말아줘. 내가 중력으로 지구의 물을 섞어 영양분과 에너지가 광활한 지구 공간에 골고루 퍼지도록 했잖아.
바다	(동감하며) 맞아. 자네가 만든 끊임없는 소용돌이가 다양한

카리브해에서 발견된 열수분출구. 해저의 화산 활동으로 생긴 구멍으로, 300도 정도의 뜨거운 물과 검은 연기를 뿜어낸다.

서식지를 만들었어. 거기에서 초기 생물들이 다양한 환경에 적응하고 번성하게 되었지. 자네가 만든 다양한 서식지가 다양한 생명을 낳은 거야.

달 (반짝이며) 바다의 풍요로움과 깊이는 무수한 형태의 생명체를 키워냈지. 그 생명체들은 각각 우리가 힘을 합쳐 만든 생태적 틈새를 차지하더라고.

바다 (존경심을 담아서) 그리고 자네의 중력은 물을 섞어 영양분을 분해하고 다양한 서식지를 만들었어. 조석의 혼합은 생명체 증식에 필수적이었지. 그게 다가 아니야. 자네의 영향력은 지구 자전을 안정화시켰어. 낮과 밤의 주기가 일정해졌지. 지구 운동이 안정되니까 최초 생명체들이 생체 리듬을 발달시킬 수 있게 되었어.

달 (쑥스러워하며) 그것참 대단하더군. 빛과 어둠의 리듬이 변하니 생명체들이 거기에 적응을 하더라고. 그러면서 자네의 심연에서 번성하기 시작했지. 맞아, 결국 내가 만든 주기가 복잡한 생명체로 진화하는 것을 가능하게 한 거야. 난 솔직히 그런 자부심이 있어. 차마 내가 말은 못 했는데 자네가 인정해 주니 정말 고맙네.

바다 (고개를 끄덕이며) 일단 생명체들이 환경에 적응하자 새로운 생명체가 계속 진화하면서 새로운 형태와 구조가 나타나는 거야. 일정한 경향을 발견했어. 점점 더 커지고 복잡해지고 다양해지더라니까.

달 　(부드러운 눈빛을 담아서) 자네의 깊이, 즉 바다의 깊이는 양육의 기반이자 생명의 요람이었지. 물론 내가 꾸준히 지구 주변을 돌아주면서 생명이 번성할 수 있는 안정된 환경을 보장했지만 말이야.

제4막 | 시아노박테리아와 산소의 등장

달 　(웃으며) 루카에서 생명체는 계속 진화했어. 나는 햇빛을 이용해서 광합성을 하면서 영양분을 만들고 부산물로 산소를 생산한 그 첫 번째 박테리아에 마음이 가.

바다 　(반짝반짝 빛나며) 30억 년 전에 등장한 시아노박테리아를 말하는군. 남세균이라고도 하지. 아직도 남조류라고 하는 사람들이 있던데, 박테리아는 단세포 원핵생물이고 조류藻類는 다세포 진핵생물이라는 이 간단한 사실을 왜 애써 외면하는지 모르겠어. 군집해서 살기 때문에 세포가 여러 개로 보이는 것뿐이야. 겉모습만 보고 판단하면 어떻게 하나? 일단 핵막이 있는지부터 따져봐야 할 것 아닌가.

달 　(살짝 흥분해서) 그래! 그 시아노박테리아인지 남세균인지가 산소를 마구 생산하고, 그 산소가 바다에 차곡차곡 쌓

시아노박테리아의 화석인 스트로마톨라이트(오스트레일리아 하멜린베이). 지구상에 출현한 최초의 생명 가운데 하나로, 산소를 생산해 지구 환경을 극적으로 바꾸었다.

였잖아. 그때 바다에서는 어떤 일이 일어났는가?

바다　(열광적으로) 말도 못 해! 바다에 대산소화 현상이 일어나 면서 바다와 대기의 화학이 바뀌었어.

달　(더 흥분해서) 아니, 도대체 어떤 일이 일어났단 말인가? 산소가 많아지면 그때 살고 있던 혐기성 세균들은 어떻게 되었는가?

바다　(차분하게) 어떻게 되기는⋯. 다 생명이 사는 곳 아닌가. 산소가 많아지면 많아지는 대로 적응하는 거지. 산소가 없을 때는 발효만 하던 세균들이 산소호흡을 하는 고세균과 어울려 살기 시작했지. 그러다가 어느 날 눈이 맞았는지 같이 살더라고. 한 몸이 된 거야. 에너지 효율이 높아지면 더 복잡한 생명체가 등장하더라고. 와! 정말 생명이 다양해지기 시작하는데 쫓아가기 숨 가쁠 정도였다니까.

달　(침울하게) 내겐 공기가 없잖아. 이유는 하나야. 내가 너무 작아서 그래. 그것참 웃기지. 내가 지구 자전도 통제하고 밀물과 썰물도 만드는 몸인데 그깟 공기를 잡고 있을 힘이 없더라고. (흥분된 분위기로 전환하면서) 아니, 시아노박테리아가 활동하기 시작하면서 지구에 내리쪼이는 빛과 내게 내리쪼이는 빛이 달라지더라니까.

바다　(어이없다는 듯) 아니, 우리가 쪼이는 빛이야 모두 태양에서 오는 건데 달라질 게 뭐가 있나?

: 달의 실제 모습. 약 45억 년 전 어린 지구 가이아와 행성 테이아가 충돌할 때 떨어져 나온 파편으로
만들어졌다. 처음 만들어졌을 때는 지금보다 6배 더 크게 보였다. ⓒNASA

달   (소리를 죽이면서) 아냐, 달라. 지구의 대기에 산소가 생기면
서 오존층이 만들어지더라고. 오존층은 자외선을 많이 차
단해. 드디어 육지도 잘하면 생명이 살 수 있는 곳으로 변
할 수 있다는 뜻이지. 그런데 달은 어떤가? 여기 생명체를
가져다 놓으면 하루도 견디지 못하고 죽고 말걸세. 그러니
까 달도 지구만큼 덩치가 컸어야 했어. 그래야 바다도 생
기고 산소도 생기고 오존층도 생길 것 아닌가?

바다   (또 어이없다는 듯) 아니, 덩치가 그렇게 커지면 그게 어디
달인가? 달이면 달다워야지. 괜히 자네 스스로 지구와 비
교하지 말게나. 다른 뭔가와 비교해서 행복해지는 꼴을 보
지 못했다네.

달	(고개를 끄덕이며) 내가 보기에 시아노박테리아가 가져온 변화는 생명 다양화를 위한 발판이었던 것 같아. 이제 더 복잡한 생태계로 나아가게 되었어.
바다	(마치 이제 그만 정리하고 싶다는 투로) 시아노박테리아는 실제로 바다와 대기를 변화시켰어. 생명이 살 수 있는 곳을 늘리고 생명이 도전할 수 있는 새로운 기회를 만들어줬지. 진화를 위한 넓은 길을 열어준 거야. 한낱 세균이라고 우습게 보면 안 되지.
달	(정리는 내가 해야 한다는 자부심 섞인 태도로 부드럽게) 아무튼 자네와 나, 즉 바다와 달의 협력이 계속되면서 세상을 꾸준히 바꾸었지. 덩달아서 생명이 다양해지고 성장하는 모습을 보면서 우리가 얼마나 중요한 존재인지 새삼 깨닫게 되었지. 시아노박테리아도 결국 우리가 만든 환경에서 등장한 것 아니겠는가.

제5막 | 지구의 산소화

바다	(차분하게) 여보게, 달! 자네의 색깔은 회색이라고 할 수 있지. 지루하다는 뜻이 아니야. 아주 품격 있는 회색이라네. 칭찬이야. 정말이라고. 그렇다면 자넨 지구의 색깔이 무엇

이라고 생각하나?

달   (시큰둥하게) 지구는 뭐, 초록색이나 파란색 아닐까? 사람들도 지구를 보고 푸른 별이라고 표현하잖아.

바다   (따지듯이) 초록색이나 파란색은 원래 지구의 색깔이 아니었어. 그건 모두 생명들이 만들어낸 색이지. 생각해 봐. 자네가 지금보다 6배는 크게 보일 무렵, 그러니까 내가 처음 생겼을 때 말이야. 하늘이 무슨 색이었나?

달   (자신 없이) 그땐 빨간색이었지. 대기 중에 산소 분자가 하나도 없었으니까 말이야.

바다   (따지듯이) 맞아. 파란 하늘도 생명이 만들어낸 거야. 그때 나는 무슨 색이었어?

달   (자신 없이) 음, 자네도 붉은색이었던 것 같은데, 한 치 앞도 내다보지 못할 정도로 탁했었지.

바다   (강조하듯이) 맞아. 바다를 투명하게 만들고, 멀리서 봤을 때 파란색으로 보이게 만든 것도 모두 생명체야.

달   (확 어두워지며) 하고 싶은 얘기가 뭔가?

바다   (차분하게) 나는 물이잖아. 바다가 물만 있다고 생명의 요람이 되는 것은 아냐. 여기에는 많은 물질이 녹아 있어야지. 그 가운데 가장 중요한 것은 역시 산소라고 봐.

달   (부드럽게) 맞아. 바다의 산소화는 새로운 생태적 틈새를 만들어서 생물의 다양성을 촉진했어. 결국 캄브리아기 대폭발로 이어졌지.

바다   (가르치듯이) 이게 재밌어. 산소는 호흡에 꼭 필요하기도 하지만 한편으로는 독이거든. 쇠에 산소가 결합하면 빨갛게 녹스는 것과 마찬가지. 산소는 영양분을 태울 때 필요한 거지, 아무 데나 침투하면 생명은 파괴될 수밖에 없어.

달   (궁금하다는 듯이) 아니, 그런데 지구에 산소 농도가 높아질수록 생명이 더 다양해졌잖아. 그게 무슨 말인가?

바다   (6학년이 2학년을 가르치듯이) 창과 방패 같은 거지. 산소 농도가 늘어나 독이 늘어난 거야. 그러니 어떻게 해야겠어? 처음에는 혐기성 세균과 호기성 세균이 공생을 했잖아. 겨우 위기를 모면했는데 산소가 더 늘어나. 그러니까 위험을

지구의 실제 모습. 처음 만들어졌을 때 붉은색이었던 지구는 산소와 생명체의 활동 때문에 점차 푸른색을 띠게 되었다. ⓒNASA

                                               찬란한 멸종

회피하기 위해 유성생식을 발명해서 다양한 변이를 만들어내지. 그런데 산소가 더 늘어나. 이제는 다세포 생물로 진화해서 전문화된 세포를 갖추는 거야. 그래서 산소를 막아주는 벽 역할을 하는 세포를 따로 만들 수가 있지. 그래도 산소가 또 늘어나면 어떻게 해야겠어?

달　(답을 알고 있다는 듯이) 뭘 어떻게 해? 아예 단단한 껍질을 만들면 되지. 삼엽충처럼 말이야. 그게 바로 캄브리아기 대폭발이잖아. 단단한 껍데기가 생기니까 산소가 마음대로 확산되지도 않고 단단한 껍데기가 있으니 이제부터는 몸을 얼마든지 더 키울 수도 있게 된 거지.

바다　(부드럽게 소용돌이를 만들며) 맞아. 산소 농도가 높아질수록 더 튼튼하고 안전한 구조를 만들면서 산소의 독성에서 자신을 보호하고 동시에 산소호흡을 해서 에너지 효율을 높이는 방향으로 진화가 일어난 거지. 아마 지구에 산소가 없었다면 지구는 결코 아름답지 못할 거야. 마치 화성과 같은 붉은 행성으로 남았겠지.

달　(반짝이며) 응, 나도 그 과정을 생생하게 목격했지. 자네는 내 생각을 완벽하게 읽었군. 그게 바로 내 생각이야.

달   (자랑스럽게) 내가 동쪽 하늘에 떴을 때 이야기를 시작했는데 어느덧 서쪽 하늘까지 와버렸어. 우리 이야기는 밤새 해도 끝이 안 나. 하긴 생명 진화에 미친 내 영향력이 얼마나 대단한가. 지구 기울기를 안정화시키고 진화에 필수적인 일관된 기후 조건을 보장했잖아.

바다   (부드럽게 소용돌이치며) 그렇지. 자네의 힘으로 밀물과 썰물이 만들어지고 영양분과 에너지가 혼합되고 또 다양한 서식지가 생겨났어. 그런데 그 힘이 어디에 미친 건가? 바로 나, 바다지. 바다가 없다면 달은 아무 역할도 할 수 없지.

달   (반성하며) 자네의 협력으로 생명 다양성의 안정적인 틀을 만들었고 복잡한 생태계가 조정된 거야.

바다   (부드럽게) 우리가 함께 생명의 탄생과 생존 그리고 번성할 수 있는 세상을 만들었어. 우리가 만들어낸 안정과 풍요로움은 지구의 복잡한 생명 망을 지탱하기에 충분했지.

달   (안타깝다는 듯이) 그들이 등장하기 전까지는.

바다   (슬퍼하며) 그들이 농업혁명을 일으키고 산업혁명을 일으키기까지는.

달   (위로하듯이) 그런데 그들은 문제를 일으키기도 하지만 해결하는 능력도 있더라고.

바다   (위로하듯이) 그렇지! 그렇더라고. 그들에게 시간을 좀 더 줬으면 좋겠어.

달과 바다가 청중을 향해 고개를 돌린다. 달의 은은한 빛과 바다의 파도 소리가 청중에게 더 가까이 가 닿는다.

달   인류 여러분, 우리의 간청을 들어주십시오. 이 이야기에 귀 기울여 주십시오. 우리는 강하고 담대한 생명이 번성하는 세상을 만들고, 인류의 요람을 만들고, 생존할 수 있는 장소를 제공했습니다. 이제 우리는 촉구합니다. 여섯 번째 대멸종에서 살아남기 위해 여러분 스스로 노력하십시오.

바다   내 깊은 곳에서 시련과 고통을 겪고 생명이 시작되었습니다. 한 방울의 비에도 자연의 영광이 담겨 있습니다. 여러분의 보살핌과 지혜와 힘을 부탁합니다. 우리가 키운 것을 보존하고, 이 싸움을 계속할 수 있도록.

달   (부드럽지만 긴박하게) 여러분이 아는 유일한 고향, 지구를 지켜주십시오. 우리의 춤, 밀물과 썰물 그리고 해류를 기억하십시오. 여러분의 행동과 보살핌을 통해 우리의 유산이 계속 이어지게 하십시오. 미래는 연약하고 당신은 지구의 상속인입니다.

바다   (청중에게 속삭이며 이해를 구하듯) 우리의 노력이 세월에 씻기지 않게 하십시오. 자연에 귀를 기울이고, 자연의 종소리를 들어보십시오. 여러분의 존중과 사랑으로 우리는 함께 견뎌낼 것입니다.

달, 바다   (한목소리로) 지구의 아름다움이 하늘이 내려준 선물로 남길 기원합니다.

무대가 서서히 어두워지며 달과 바다의 모습이 사라진다. 막이 내린다.

그레타 툰베리, 이순희,『기후 책 그레타 툰베리가 세계 지성들과 함께 쓴 기후위기 교과
　　서』김영사, 2023

김도윤,『만화로 배우는 공룡의 생태』한빛미디어, 2019

닉 레인, 김정은,『미토콘드리아 박테리아에서 인간으로, 진화의 숨은 지배자』뿌리와이
　　파리, 2009

닉 레인, 김정은,『생명의 도약 진화의 10대 발명』글항아리, 2011

데이비드 디머, 류운,『최초의 생명꼴, 세포 별먼지에서 세포로, 복잡성의 진화와 떠오
　　름』뿌리와이파리, 2015

도널드 R. 프로세로, 김정은,『공룡 이후 신생대 6500만 년 포유류 진화의 역사』뿌리와
　　이파리, 2013

도널드 R. 프로세로, 김정은,『지구 격동의 이력서, 암석 25 우주, 지구, 생명의 퍼즐로 엮
　　은 지질학 입문』뿌리와이파리, 2021

도널드 R. 프로세로, 김정은,『진화의 산증인, 화석 25 잃어버린 고리? 경계, 전이, 다양
　　성을 보여주는 화석의 매혹』뿌리와이파리, 2018

딕 몰, 빌리 판 로헴, 케이스 판 호이동크, 레미 바커르, 송지영 ,『북해의 검치호랑이』시
　　그마프레스, 2010

딘 R. 로맥스, 김은영,『왓! 화석 동물행동학 먹고 싸(우)고 낳고 기르는 진기한 동물 화
　　석 50』뿌리와이파리, 2022

레이먼드 피에로티, 고현석,『최초의 가축, 그러나 개는 늑대다 호모 날레디와 인간의 역
　　사를 바꾼 발견에 대한 놀라운 이야기 최초의 가축, 그러나 개는 늑대다』뿌리와이파
　　리, 2019

로버트 M. 헤이즌, 김미선,『지구 이야기 광물과 생물의 공진화로 푸는 지구의 역사』뿌리와이파리, 2014

로버트 M. 헤이즌, 김홍표,『탄소 교향곡 탄소와 거의 모든 것의 진화』뿌리와이파리, 2022

리베카 랙 사이스, 양병찬,『네안데르탈 멸종과 영원의 대서사시』생각의힘, 2022

리처드 랭엄, 조현욱,『요리 본능』사이언스북스, 2011

리처드 포티, 이한음,『삼엽충 고생대 3억 년을 누빈 진화의 산증인』뿌리와이파리, 2007

마이클 J. 벤턴, 류운,『대멸종』뿌리와이파리, 2007

박열음, 박우희,『테라포밍 두 번째 지구 만들기』길벗어린이, 2021

박재용,『이렇게 인간이 되었습니다 거꾸로 본 인간의 진화』MID, 2022

박진영,『박진영의 공룡열전-여섯 마리 스타공룡과 노니는 유쾌한 공룡 입문』뿌리와이파리, 2015

박진영, 최유식,『읽다보면 공룡 박사』창비, 2022

박훈,『지속가능한 미래를 위한 기후변화 데이터북』사회평론아카데미, 2021

버지니아 헤이슨, 테리 오어, 김미선,『포유류의 번식─암컷 관점』뿌리와이파리, 2021

볼프 슈나이더, 이정모,『인간 이력서』을유문화사, 2013

브라이언 M. 페이건, 김수민,『크로마뇽 빙하기에서 살아남은 현생인류로부터 우리는 무엇을 배울수 있는가』더숲, 2012

송지영,『검치호랑이 신생대 최강의 포식자』시그마프레스, 2007

스반테 페보, 김명주『잃어버린 게놈을 찾아서 네안데르탈인에서 데니소바인까지』부키, 2015

스콧 샘슨, 김명주,『공룡 오디세이』뿌리와이파리, 2011

스티브 브루사테, 양병찬,『완전히 새로운 공룡의 역사』웅진지식하우스, 2020

애널리사 베르타, 김아림,『고래-고래와 돌고래에 관한 모든 것』사람의무늬, 2016

앤 기번스, 오숙은,『최초의 인류』뿌리와이파리, 2008

앤드류 파커, 오은숙,『눈의 탄생 캄브리아기 폭발의 수수께끼를 풀다』뿌리와이파리, 2007

앤드류 H. 놀, 김명주,『생명 최초의 30억 년 지구에 새겨진 진화의 발자취』뿌리와이파리, 2007

앤터니 페나, 황보영조, 『인류의 발자국-지구 환경과 문명의 역사』 삼천리, 2013

유발 하라리, 조현욱, 『사피엔스 유인원에서 사이보그까지, 인간 역사의 대담하고 위대한 질문』 김영사, 2015

이상태, 『식물의 역사 식물의 탄생과 진화 그리고 생존전략』 지오북, 2010

이상희, 윤신영, 『인류의 기원』 사이언스북스, 2015

이정모, 『공생 멸종 진화』 나무나무, 2015

이정모, 『슬기사람 과학하다』 살림, 2021

이한용, 『왜 호모 사피엔스만 살아남았을까? 전곡선사박물관장이 알려주는 인류 진화의 34가지 흥미로운 비밀』 채륜서, 2020

정혜용, 신영희, 『New 과학은 흐른다 1』 부키, 2010

제레드 다이아몬드, 강주헌, 『총 균 쇠-인간 사회의 운명을 바꾼 힘』 김영사, 2023

조지프 헨릭, 주명진, 이병권 『호모 사피엔스, 그 성공의 비밀』 뿌리와이파리, 2019

조천호, 『파란하늘 빨간지구-기후변화와 인류세, 지구시스템에 관한 통합적 논의』 동아시아, 2019

찰스 로버트 다윈, 장순근, 『찰스 다윈의 비글호 항해기』 리젬, 2013

찰스 로버트 다윈, 장순근, 백인성, 『산호초의 구조와 분포』 아카넷, 2019

최향숙, 이정모, 젠틀멜로우, 『넥스트 레벨 : 우주 탐사』 한솔수북, 2024

피터 워드, 김미선, 『진화의 키, 산소 농도 공룡, 새, 그리고 지구의 고대 대기』 뿌리와이파리, 2012

헬렌 스케일스, 리스크 펭, 박희정, 『그레이트 배리어 리프-지구에서 가장 경이로운 산호초』 찰리북, 2021

후안 호세 미야스, 후안 루이스 아르수아가, 남진희 『사피엔스의 죽음 스페인 최고의 소설가와 고생물학자의 죽음 탐구 여행』 틈새책방, 2023

Dale Purves George J.Augustine 등, 김창배 등, 『진화학』 뿌리와이파리, 2014

J. G. M. 한스 테비슨, 김미선, 『걷는 고래-그 발굽에서 지느러미까지, 고래의 진화 800만 년의 드라마 』 뿌리와이파리, 2016

도판 출처

24, 29, 35쪽 셔터스톡

45, 49쪽 위키피디아

61쪽 위 사진 셔터스톡

61쪽 아래 그림 위키피디아

64, 67, 70, 74쪽 셔터스톡

79쪽 위키피디아

81, 82, 85, 91, 99, 102, 109, 113쪽 셔터스톡

121, 125, 139, 142쪽 위키피디아

143쪽 셔터스톡

148, 159쪽 위키피디아

161쪽 위, 아래 셔터스톡

165쪽 위키피디아

172쪽 위, 아래 셔터스톡

179, 181, 183, 185, 196, 197, 201쪽 위키피디아

203쪽 위, 아래 셔터스톡

207쪽 위키피디아

217쪽 셔터스톡

224, 226, 228쪽 위키피디아

234, 237쪽 위, 아래 셔터스톡

238, 239, 249, 252쪽 위키피디아

255쪽 셔터스톡

260, 266, 271, 272, 276쪽 위 위키피디아

276쪽 아래 셔터스톡

278쪽 위 위키피디아

278쪽 가운데 셔터스톡

278쪽 아래 위키피디아

279쪽 셔터스톡

281, 284, 287쪽 위키피디아

288, 289쪽 셔터스톡

293, 297쪽 위키피디아

298, 300쪽 셔터스톡

313쪽 위키피디아

316, 320, 332쪽 셔터스톡

334쪽 위키피디아

337쪽 셔터스톡

339, 342쪽 위키피디아

도판 출처

거꾸로 읽는 유쾌한 지구의 역사

찬란한 멸종

초판　1쇄 발행 2024년　8월　7일
초판 13쇄 발행 2024년 10월 31일

지은이 이정모
펴낸이 김선식

부사장 김은영
콘텐츠사업본부장 박현미
기획편집 박윤아　**디자인** 황정민　**책임마케터** 오서영
콘텐츠사업4팀장 임소연　**콘텐츠사업4팀** 황정민, 박윤아, 옥다애, 백지윤
마케팅본부장 권장규　**마케팅1팀** 박태준, 오서영, 문서희　**채널팀** 권오권, 지석배
미디어홍보본부장 정명찬　**브랜드관리팀** 오수미, 김은지, 이소영, 박장미, 박주현, 서가을
뉴미디어팀 김민정, 이지은, 홍수경, 변승주
지식교양팀 이수인, 염아라, 석찬미, 김혜원
편집관리팀 조세현, 김호주, 백설희　**저작권팀** 이슬, 윤제희
재무관리팀 하미선, 김재경, 임혜정, 이슬기, 김주영, 오지수
인사총무팀 강미숙, 이정환, 김혜진, 황종원
제작관리팀 이소현, 김소영, 김진경, 최완규, 이지우, 박예찬
물류관리팀 김형기, 김선민, 주정훈, 김선진, 한유현, 전태연, 양문현, 이민운

펴낸곳 다산북스 **출판등록** 2005년 12월 23일 제313-2005-00277호
주소 경기도 파주시 회동길 490 다산북스 파주사옥 3층
전화 02-702-1724 **팩스** 02-703-2219 **이메일** dasanbooks@dasanbooks.com
홈페이지 www.dasanbooks.com **블로그** blog.naver.com/dasan_books
용지 신승아이엔씨 **인쇄** 정민문화사 **코팅 및 후가공** 제이오엘엔피 **제본** 정민문화사

ISBN 979-11-306-5501-7(03400)